儿童营养专家

辅食喂养百科

毛凤星 主编 | 北京儿童医院副主任营养师
北京大学预防医学学士

中国纺织出版社

图书在版编目（CIP）数据

儿童营养专家辅食喂养百科 / 毛凤星主编．— 北京：中国纺织出版社，2019．3

ISBN 978-7-5180-5386-5

Ⅰ．①儿…　Ⅱ．①毛…　Ⅲ．①婴幼儿—食谱
Ⅳ．①TS972．162

中国版本图书馆 CIP 数据核字（2018）第 211425 号

责任编辑：樊雅莉　　　　责任印制：王艳丽

中国纺织出版社出版发行
地址：北京市朝阳区百子湾东里 A407 号楼　邮政编码：100124
销售电话：010 — 67004422　传真：010 — 87155801
http://www.c-textilep.com
E-mail:faxing@c-textilep.com
中国纺织出版社天猫旗舰店
官方微博 http://weibo.com/2119887771
天津千鹤文化传播有限公司印刷　各地新华书店经销
2019 年 3 月第 1 版第 1 次印刷
开本：710×1000　1/16　印张：13
字数：220 千字　定价：49.80 元

前言

随着小宝宝的逐渐长大，及时合理地添加辅食变得非常重要。

但父母给宝宝添加辅食的过程中，会遇到很多纠结的问题。

为了帮助新手父母解决辅食添加过程中可能遇到的问题，做出让宝宝百吃不厌的辅食，本书根据4个月~3岁宝宝生长发育特点，制订了科学的辅食添加原则，介绍了近200道营养又美味的辅食，让宝宝爱上辅食，爱上吃饭！

辅食添加的必修课。介绍了如何添加辅食，如何制作辅食，让新手父母了解辅食，学会制作辅食，为做出美味辅食打下良好的基础。

关于辅食喂养，妈妈最关心的31个问题。介绍了辅食添加过程中父母纠结的方方面面问题，让父母不再为辅食添加而犯愁。

分阶段辅食喂养，宝宝成长快。根据4个月~3岁宝宝的发育特点添加辅食，让宝宝健康快乐地成长。

家常食材变身美味辅食。普通食材也能做出宝宝爱吃的辅食，既经济又实惠。

创意辅食，让宝宝越吃越开心。创意辅食充分调动宝宝视觉和味觉感官，让宝宝吃得营养，吃得开心。

吃对辅食，宝宝吃饭香，身体棒，少生病。妈妈有针对性地给宝宝制作一些功能性辅食，能让宝宝成长更健康。

宝宝不舒服了，怎样吃辅食。宝宝生病时有发生，不想吃东西，让父母心疼不已，为此本书根据宝宝生病的原因，介绍了针对性的辅食，让宝宝尽快恢复健康。

如果你还在为如何给宝宝添加辅食而烦恼，那么请看一下本书，你在辅食添加过程中的所有疑问都将得到解答。希望所有即将或已经给宝宝添加辅食的父母，都能轻松地给宝宝添加辅食，让宝宝更聪明、更健康。

注：本书稿中涉及大量营养素成分数据，均引自《中国居民膳食营养素参考摄入量速查手册：2013版》《中国食物成分表（第2版）》，供大家参考。

宝宝辅食添加一览表

月龄	添加	尝试	食物性状	新增食物种类	奶与辅食比例	每天辅食次数
4 个月	米汤	米汤	流质	—	10：1	0~1
5~6 个月	汁状食物	稀泥糊状食物	奶＋汁＋稀泥糊状	稀糊	9：1	1~2
7~8 个月	泥糊状食物	颗粒羹状食物	奶＋汁＋泥糊＋颗粒羹	稀米粥、稀面糊	6：4	3
9~10 个月	—	—	奶＋汁＋泥糊＋颗粒羹＋糕	稠米粥、烂面条、血豆腐、嫩豆腐	4：6	3
11~12 个月	—	—	奶＋汁＋泥糊＋颗粒羹＋半固体	包子、饺子、碎菜、肉末、炒菜	2：8	3
1~1.5 岁	—	—	奶＋汤＋颗粒羹＋半固体＋软固体＋全固体	馒头、米饭、炖菜、水果块	1：9	三奶三餐
1.5~3 岁	—	—	奶＋汤＋软固体＋全固体	几乎能吃所有性状的食物	奶作为食物中的 1 种	三餐

奶量（毫升）	喂奶次数	蔬菜（克）	水果（克）	蛋黄（个）	肉类（克）	烹调 油（克）
800~1000	7~9	—	—	—	—	—
700~800	4~6	3~5 克	—	—	—	—
600~800	4	10~15	10~15	1/4	5~10	2~3
600~800	4	20~30	20~30	1/2	10~15	3~5
600~800	3	40~50	40~50	蒸蛋	30~40	8~10
600	2~3	150~200	150~200	蒸蛋	100	10~15
500	2	150~200	150~200	蒸蛋	100~150	15~20

重点营养素关注页码

铁 49

叶酸 53

钙 60

维生素D 60

维生素A 68

维生素B_2 69

碘 76

硒 77

维生素E 84

卵磷脂 92

目录

Part 1 辅食添加的必修课

母乳营养已不足，需及时添加辅食补充营养 20
什么是辅食 20
补充母乳中的营养不足 20
促进宝宝的肠道发育 20
锻炼宝宝的咀嚼能力 20
帮助宝宝探索新世界 20

宝宝能吃辅食的五大信号 21
宝宝能挺直头和脖子时 21
宝宝开始对食物有兴趣 21
宝宝的伸舌反射消失时 21
宝宝消化器官和肠功能成熟到一定程度 21
需奶量变大，喝奶时间间隔变短 21

妈妈要知道的辅食添加原则 22
适时添加 22
由一种到多种 22
由少到多 22
由稀到稠、由细到粗 22
注意观察宝宝的消化能力 22
1 岁以内的宝宝辅食不要加盐 23
不要强迫进食 23
心情愉快 23
不要在炎热的季节添加辅食 23
宝宝生病时不要添加辅食 23

辅食添加的进程表 24
厨房“神器”让做辅食“手到擒来” 25
不同食材的计量法 26
常用食材的计量法 26
调料类计量法 27

常见的辅食制作方法 28
研磨
压碎 28
剁碎
榨汁 28

自制各种宝宝辅食底汤 29
素高汤 / 鸡汤 29
鱼汤 / 猪棒骨高汤 30

自己动手制作天然调味料 31
香菇粉 31
海带粉 31
山药粉 31
海苔粉 31
洋葱粉 31
小鱼粉 31
虾粉 31
芝麻粉 31

辅食食材冷冻储存方法 32
冷冻储存要点 32
部分食材的冷冻处理方法 32

在家给宝宝做面条，安全又放心 33
如何和面 33
星星面 / 蝴蝶面 / 手工面片 33

宝宝一天吃得够不够，看小手就知道了 34
碳水化合物：两个拳头的量 34
蛋白质：一个掌心的量 34
脂肪：两个拇指的量 34
蔬菜：两手抓的量 34
水果：一个拳头的量 34

Part 2 辅食喂养，妈妈最关心的问题

早产宝宝如何添加辅食？ 36
如何判断宝宝是否适应了辅食？ 36
宝宝是 4 个月添加辅食，还是 6 个月？ 36
能参考别的宝宝衡量自家宝宝的进食量吗？ 37
如何判断宝宝辅食添加的效果？ 37
宝宝辅食是做，还是买？ 37
宝宝辅食吃得好，吃奶就不用太讲究了？ 39
1 岁以内的宝宝辅食可以加盐吗？ 39
宝宝添加辅食后体重增长缓慢怎么办？ 39
添加辅食后，宝宝不吃奶怎么办？ 40
开始添加辅食后要不要给宝宝补钙？ 40
给宝宝喝煮水果水或菜水，好吗？ 41
可以用果汁代替水果吗？ 41
鸡蛋黄为什么不是宝宝的第一辅食？ 41
宝宝的辅食越碎越好吗？ 42
可以一次多做辅食留存，然后热着给宝宝吃吗？ 42
能用奶、米汤、稀米粥等冲调米粉吗？ 42
给宝宝喂食豆浆有哪些禁忌？ 43
如何给宝宝选择饮料？ 43
为什么不宜让宝宝吃过多的巧克力？ 43
为什么宝宝不宜吃冷饮？ 43
宝宝进食辅食量少怎么办？ 44
在给宝宝制作果汁时，是否可以直接用榨汁机，而不用研磨、不用纱布过滤呢？ 44

宝宝每次吃辅食又急又快，会不会养成狼吞虎咽的习惯？ 44
餐前可以让宝宝多喝水吗？ 44
可以控制宝宝吃辅食的速度吗？ 45
宝宝喝果汁后大便变硬，还能继续喂果汁吗？ 45
宝宝大便中有较多原始食物，是不消化吗？ 45
担心宝宝过敏，辅食就不需要太多的变化吗？ 46
宝宝喝果汁后，当天排出绿色大便怎么办？ 46
一定要定期给宝宝检测微量元素吗？ 46

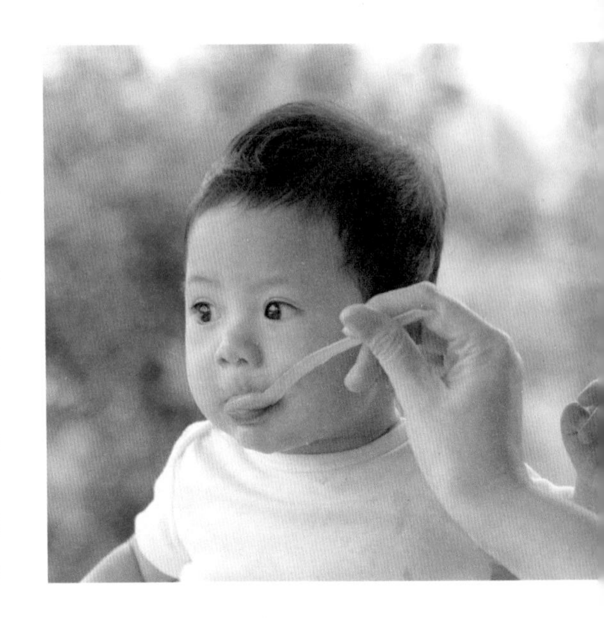

Part 3 分阶段辅食喂养，宝宝成长快

4 个月宝宝，可添加流质型辅食 48
★ **宝宝的体重、身高长啥样了** 48
★ **4 个月宝宝适合吃的食物** 48
★ **进餐教养** 48
为了辅食的顺利添加，应调整哺乳的节奏 48
提前让宝宝接触餐具 48
重点营养素关注 铁 49
铁每天的推荐摄入量 49
铁缺乏症状表现 49
明星食材推荐 49
营养加倍的完美搭配 49
★ **营养师给出的喂养指南** 50
辅食添加最早开始于 4 个月之后 50
第一次喂辅食的目标是尝试食物的味道 50
开始先喂流质辅食 50
4 个月宝宝一日饮食餐单 50
★ **宝宝营养辅食推荐** 51
大米汤 滋养脾胃 51
挂面汤 补充能量 51
大米糊 健脾养胃 51

5～6 个月宝宝，可添加吞咽型辅食 52
★ **宝宝的体重、身高长啥样了** 52

★ 5~6 个月宝宝适合吃的食物 52
重点营养素关注 叶酸 53
叶酸每天的推荐摄入量 53
叶酸缺乏症状表现 53
明星食材推荐 53
营养加倍的完美搭配 53
★ 营养师给出的喂养指南 54
5 个月宝宝营养需求 54
6 个月宝宝营养需求 54
饿着宝宝不是添加辅食的好方法 54
含铁的婴儿米粉：宝宝添加辅食的首选 54
婴儿米粉的科学喂养 54
5 个月宝宝一日饮食餐单 55
6 个月宝宝一日饮食餐单 55
★ 宝宝营养辅食推荐 56
胡萝卜汁 有利于保护眼睛 56
米粉 满足成长所需 56
小米汤 促进消化 56
小白菜汁 促进肠胃蠕动 57
香瓜汁 补充维生素 57
南瓜米糊 促进消化 58
香蕉米糊 调整肠胃机能 58

7~8 个月宝宝，可添加细嚼型辅食 59

★ 宝宝的体重、身高长啥样了 59
★ 7~8 个月宝宝适合吃的食物 59
重点营养素关注 维生素 D 和钙 60
维生素 D 和钙每天的推荐摄入量 60
维生素 D 和钙的来源 60
维生素 D 和钙缺乏症状表现 60
营养加倍的完美搭配 60
★ 营养师给出的喂养指南 61
7 个月宝宝营养需求 61
8 个月宝宝营养需求 61
根据宝宝的情况添加辅食 61
辅食和奶要安排合理 62
辅食的摄入量是因人而异的 62
宝宝的食物最好用刀切碎后再喂 62
每天喂 2 次，每次喂 1/2 小碗（7 个月宝宝） 62
每天喂 3 次，每次喂 25 克（8 个月宝宝） 62
添加辅食要时刻关注宝宝的大便 63
开始每天喂一次零食了 63
超体重儿是否需要加速添加辅食的进程 63
宝宝吃辅食应坚持少量多餐，谨防肥胖 64
7 个月宝宝一日饮食餐单 64
8 个月宝宝一日饮食餐单 64
★ 宝宝营养辅食推荐 65
土豆西蓝花泥 增强免疫力 65
红薯泥 宽肠胃、防便秘 65
南瓜泥 加速肠道蠕动 65
菠菜鸡肝泥 补血、明目 66
牛肉土豆泥 促进身体发育 66
鸡汁土豆泥 宽肠通便 66

9~10 个月宝宝，可添加细嚼型辅食 67

★ 宝宝的体重、身高长啥样了 67
★ 9~10 个月宝宝适合吃的食物 67
重点营养素关注 维生素 A 68
维生素 A 每天的推荐摄入量 68
缺乏维生素 A 的表现 68
明星食材推荐 68
营养加倍的完美搭配 68
重点营养素关注 维生素 B_2 69
维生素 B_2 每天的推荐摄入量 69

维生素 B_2 缺乏症状表现 69
明星食材推荐 69
营养加倍的完美搭配 69
★ **营养师给出的喂养指南** 70
9 个月宝宝营养需求 70
10 个月宝宝营养需求 70
适合吃香蕉硬度的食物 70
每天喂 3 次，每次喂 120 克 70
给宝宝吃的食物要热透 70
加工类食品不适合做辅食 70
吃得太多也不好 71
宝宝辅食制作应回避的食物 71
宝宝每天的辅食量不均匀，也不要担心 71
宝宝食量小≠营养不良 72
9 个月宝宝一日饮食餐单 72
10 个月宝宝一日饮食餐单 72
★ **宝宝营养辅食推荐** 73
三角面片 利小便、除肺燥 73
小米山药粥 健脾胃 73
豆腐粥 促进牙齿发育 73
燕麦南瓜粥 健胃、明目 74
油菜土豆粥 缓解习惯性便秘 74

11～12 个月宝宝，可添加咀嚼型辅食 75
★ **宝宝的体重、身高长啥样了** 75
★ **11～12 个月宝宝适合吃的食物** 75
重点营养素关注 碘 76
碘每天的推荐摄入量 76
缺乏碘的表现 76
明星食材推荐 76
营养加倍的完美搭配 76
重点营养素关注 硒 77
硒每天的推荐摄入量 77
缺乏硒的表现 77
明星食材推荐 77
营养加倍的完美搭配 77
★ **营养师给出的喂养指南** 78
11 个月宝宝营养需求 78
12 个月宝宝营养需求 78
鼓励宝宝自己吃东西 78
宝宝吃饭逐渐向一日三餐过渡 78
宝宝的饮食呈现个性化 79
宝宝辅食尽量做得细软 79
宝宝辅食中固体食物要占 50% 79
根据宝宝体质选择合适的水果 79
偏食的宝宝注意补充营养 80
11 个月宝宝一日饮食餐单 80
12 个月宝宝一日饮食餐单 80
★ **宝宝营养辅食推荐** 81
海带豆腐粥 补钙补磷，益肾固齿 81
南瓜菠菜面 促进生长发育 81
肉末面条 补充能量，调节免疫力 81
黄花菜瘦肉粥 提高抵抗力 82
荸荠南瓜粥 清热去火、生津润燥 82
苹果胡萝卜小米粥 提高智力 82

1~1.5 岁宝宝，可添加软烂型辅食 83

★ 宝宝的体重、身高长啥样了 83
★ 进餐教养 83
训练进餐的礼仪 83
用勺喂宝宝 83
创造愉悦的进餐环境 83
重点营养素关注 维生素 E 84
维生素 E 每天的推荐摄入量 84
维生素 E 缺乏症状表现 84
维生素 E 的来源 84
营养加倍的完美搭配 84
★ 营养师给出的喂养指南 85
能正式咀嚼并吞咽食物了 85
挑选味淡而不甜的食物给宝宝 85
宝宝能吃多少就喂多少 85
主食一次以 30 ~ 50 克为宜 85
出现厌食现象不必担心 85
宝宝不愿吃米饭应对策略 86
宝宝不爱吃肉应对策略 86
宝宝较瘦也不要经常喂 86
宝宝吃饭的速度过慢，怎么办 87
白开水是宝宝最好的饮料 87
1 ~ 1.5 岁宝宝一日饮食餐单 87
★ 宝宝营养辅食推荐 88
黑芝麻南瓜饭 润肠通便 88
老南瓜黄豆饭 健脾开胃 88
南瓜糯米饭 明目、养胃 88
番茄炒蛋 促进神经系统发育 89
鸡蛋炒莴笋 促进肠道蠕动 89
四色炒蛋 预防宝宝偏食 89
虾仁菜花 补充优质蛋白质和钙 90
葡萄干蛋糕 补铁 90
三明治 维持神经、肌肉系统正常 90

1.5~3 岁宝宝，可添加全面型辅食 91

★ 宝宝的体重、身高长啥样了 91
★ 进餐教养 91
养成固定地点吃饭的习惯 91
吃饭时间不宜过长 91
进餐时要关掉电视 91
培养宝宝独立进餐 91
重点营养素关注 卵磷脂 92
卵磷脂每天的推荐摄入量 92
卵磷脂缺乏症状表现 92
卵磷脂的来源 92
营养加倍的完美搭配 92
★ 营养师给出的喂养指南 93
从小注重宝宝良好饮食习惯的培养 93
让宝宝愉快地就餐 93
A+B+C，营养更均衡 94
可以跟大人吃相似的食物了 94
早餐一定要按时吃 94
宝宝吃饭时总是含饭怎么办 95
宝宝厌食应对方法 95
1.5 ~ 3 岁宝宝一日饮食餐单 95
★ 宝宝营养辅食推荐 96
素什锦炒饭 增强免疫力 96
紫菜饭团 防止甲状腺肿大 96
鱼肉饺子 补充优质蛋白质 96
咸蛋黄玉米 提高抗病能力 97
三彩菠菜 增强抵抗力 97
咸蛋黄炒南瓜 润肠通便 97
鸡肉丸子汤 强壮身体 98
虾仁鱼片炖豆腐 补钙、健脾胃 98
番茄鱼丸汤 补充蛋白质 98

Part 4 家常食材变身美味辅食

五谷类
碳水化合物的主要提供者 100
小米 呵护宝宝的脾胃 100
小米黄豆面煎饼 健胃止呕 101
鸡蛋红糖小米粥 防止贫血 101
蛋黄南瓜小米粥 开胃健脑 101
大米 促进宝宝的发育 102
饼干粥 促进生长发育 103
大米红枣粥 助消化、补气血 103
牛奶大米粥 镇静安神 103
玉米 让宝宝眼睛更明亮 104
鸡蛋玉米汤 提高视力 105
牛奶玉米羹 补充钙质、健脾开胃 105
玉米银耳枸杞豆浆 调节免疫力 105
红薯 宝宝体内酸碱平衡的调节剂 106
红薯米汤 保护肠道健康 107
红薯菜花粥 提高免疫力 107
红薯拌南瓜 保护脾胃 107
燕麦 调理胃肠、防止便秘 108
苹果燕麦糊 提供多种必需氨基酸 109
核桃燕麦粥 提高记忆力 109
燕麦芝麻豆浆 宽肠通便 109
黄豆 健脑、保护宝宝心血管 110
南瓜黄豆粥 调节宝宝免疫 111
黄豆鱼肉粥 益智、强骨 111
蛋黄豆浆 促进大脑发育 111

蔬菜类
膳食纤维和维生素的宝库 112
土豆 帮助宝宝抗病毒 112
大米土豆羹 利尿、助排泄 113
茄汁土豆泥 健脾胃、保护视力 113
菜花土豆泥 增强免疫力 113
南瓜 保护宝宝视力的卫士 114
南瓜奶糊 健脾养胃、补钙 115
牡蛎南瓜羹 增强食欲 115
南瓜米粉 保护胃肠道黏膜 115
胡萝卜 提高宝宝免疫力的“魔法棒” 116
胡萝卜羹 健脾、明目 117
白菜胡萝卜汁 滋润皮肤 117
胡萝卜红枣汤 健脾养胃 117
番茄 守卫宝宝健康的抗氧化剂 118
番茄鳜鱼泥 促进神经系统发育 119
肉末番茄 增进食欲 119
番茄荷包蛋 增强免疫力 119
洋葱 防感冒、促生长 120
香芹洋葱蛋黄羹 发散风寒 121
洋葱摊蛋 促进宝宝生长 121
香酥洋葱圈 促进食欲 121
菠菜 补铁的优质蔬菜 122
奶油菠菜 维护宝宝视力 123
菠菜猪肝汤 辅助治疗贫血 123
燕麦菠菜粥 提高免疫力、强壮骨骼 123
西蓝花 吃出宝宝自己的免疫力 124
西蓝花烩胡萝卜 养肝护眼 125
西蓝花豆浆 增强抵抗力 125
西蓝花汤 增加食欲、提高免疫力 125
香菇 宝宝补充氨基酸的首选食物 126
西蓝花香菇豆腐 增强体质 127
香菇鸡粥 强身健体 127
乳酪香菇粥 调节免疫力 127
木耳 宝宝消化系统的清道夫 128
木耳花生黑豆浆 增强记忆力 129
木耳豆腐汤 清胃涤肠 129

核桃木耳大枣粥 防止贫血 129

水果类
植物营养素和维生素的提供者 130

苹果 提高宝宝记忆力之果 130
樱桃苹果汁 促进胃肠蠕动 131
苹果燕麦糊 促进宝宝生长发育 131
苹果馅饼 增强宝宝记忆力 131
香蕉 宝宝的“开心果” 132
香蕉玉米汁 促进消化 133
香蕉粥 提高机体抗病能力 133
香蕉泥拌红薯 提振食欲 133
橙子 提高抵抗力的“酸甜精灵” 134
鲜橙泥 开胃止呕 135
香蕉橙子豆浆 减肥瘦身 135
葡萄鲜橙汁 提高抵抗力 135

肉蛋奶类
补充能量和优质蛋白质 136

猪肉 强身健体又家常 136
玉米肉圆 改善缺铁性贫血 137
莲藕猪肉粥 改善肠胃、补血 137
大白菜猪肉水饺 益胃生津 137
猪肝 补血明目的天然食材 138
清蒸肝泥 补血明目 139
猪肝摊鸡蛋 排毒 139
猪肝菠菜粥 辅助治疗贫血 139
鸡肉 提高宝宝抵抗力的家常肉 140
鸡肉菠菜粥 补充优质蛋白质 141
鸡茸汤 补充蛋白质 141
牛肉 强壮宝宝身体的肉类 142
牛肉小米粥 促进宝宝大脑发育 143
鸡汁牛肉末 促进宝宝生长发育 143
鸡蛋 价格低廉的营养库 144
油菜蛋羹 明目、益智 145
菠菜鸡蛋饼 促进骨骼发育 145
鸡蛋肉末软饭 促进生长发育 145
牛奶 宝宝最好的钙质来源 146
香果燕麦牛奶饮 强壮骨骼 147
牛奶核桃露 壮骨、益智 147
玲珑牛奶馒头 补钙效果佳 147

水产类
ω-3 不饱和脂肪酸能
促进大脑发育 148

黄鱼 保护宝宝脾胃健康 148
黄鱼粥 健胃消食 149
黄鱼烧豆腐 补钙 149
清蒸小黄鱼 锻炼宝宝咀嚼能力 149
虾 味道鲜美的补钙高手 150
鲜虾蛋羹 促进宝宝生长 151
清蒸基围虾 补钙壮骨 151
海带 给宝宝补碘的高手 152
海带柠檬汁 促进宝宝大脑发育 153
海带豆腐 补碘补钙 153
肉末海带面 补铁、防止宝宝便秘 153

坚果类
卵磷脂和油脂的主要来源 154

核桃 宝宝的“智力果” 154
枣泥核桃露 提高宝宝智力 155
山楂核桃饮 益智、开胃 155
黑芝麻核桃粥 健脑益智 155
红枣 理想的补血小红果 156
芋头枣泥羹 调理缺铁性贫血 157
红枣莲子粥 补血、安神 157
山楂红枣汁 消食化滞、补铁 157
黑芝麻 乌发的滋养品 158
黑芝麻粥 乌发 159
芝麻南瓜饼 促进发育 159
如何为宝宝选择最健康的食物 160
选择本地的有机农产品 160
选择应季食物 160
不要自行为宝宝购买保健品 160

Part 5 创意辅食，让宝宝越吃越开心

大黄鸭南瓜泥 加速肠胃蠕动 162
海绵宝宝 明目护眼 162
茄汁土豆泥 健脾胃、保护视力 163
小猪豆沙包 健脾化湿 163
豇豆棒棒糖 补充维生素 163
小鸡出壳豆芽菜 健脑通便 164
娃娃脸鸡蛋羹 促进大脑发育 164
翠绿青蛙水煮蛋 健脑益智 165
房子历险记 补充多种维生素 165
小蜜蜂蛋包饭 补充优质蛋白质 166
米奇宝宝 健脾养胃 166

Part 6 吃对辅食，宝宝身体棒

补钙辅食，让宝宝骨骼更强壮 168
钙每天的推荐摄入量 168
镁是促进钙吸收的“好搭档” 168
吃进去多少钙，一眼就看清楚 168
蛋白质摄入过量会“排挤”钙 168
宝宝补钙食材精选 169
宝宝营养辅食推荐 169
蛋黄糊 补钙 169
火龙果牛奶 开胃、健脑 169

补铁辅食，宝宝不贫血 170
铁每天的推荐摄入量 170
铁和维生素 C 搭配，提高吸收率 170
适量吃些酸性水果 170
菠菜不是补铁绝佳食材 170
宝宝补铁食材精选 171
宝宝营养辅食推荐 171
鸡血炖豆腐 调理缺铁性贫血 171
桂圆红枣豆浆 益心脾、补气血 171

补锌辅食，促进宝宝生长发育 172
锌每天的推荐摄入量 172
吃进去多少锌，一眼就看清楚 172
吃些富含钙与铁的食物，促进锌的吸收 172
动物性食品含锌量高 172
缺锌容易“找上”哪些宝宝 173
宝宝补锌食材精选 173
宝宝营养辅食推荐 173
番茄肝末 开胃、促进消化 173
豆腐肉丸 补锌、健脾胃 173

健脑益智辅食，让宝宝成为智多星 174
补充卵磷脂，促进宝宝大脑发育 174
吃得过饱会让宝宝变成“笨小孩” 174
远离有损大脑发育的食物 174
宝宝健脑益智食材精选 175
宝宝营养辅食推荐 175
蛋黄豆浆 促进大脑发育 175
蓝莓核桃 健脑益智 175

明目护眼辅食，让宝宝眼睛亮晶晶 176
眼睛也需要营养素的“呵护” 176
食物品种要多样，避免挑食与偏食 176
1 岁以后要少吃甜食，否则伤眼睛 176
宝宝明目护眼食材精选 177
宝宝营养辅食推荐 177
胡萝卜小米粥 辅助调理腹泻 177
猪肝瘦肉泥 补肝明目 177

乌发护发辅食，让宝宝头发乌黑浓密 178
宝宝头发枯黄的原因 178
营养不良性黄发的饮食策略 178
酸性体质黄发的饮食策略 178
头发也需要营养素的“呵护” 178
宝宝乌发护发食材精选 179
宝宝营养辅食推荐 179
香蕉黑芝麻糊 乌发护发 179
核桃豆浆 乌发润发 179

养肺抗霾辅食，让宝宝肺好，呼吸畅 180
多吃白色食物 180
食物生熟吃润肺效果不同 180
秋季润肺宜多喝水 180
宝宝养肺抗霾食材精选 181
宝宝营养辅食推荐 181
萝卜山药粥 补肺化痰 181
银耳雪梨汤 润肺清燥 181

清热去火辅食，让宝宝不上火 182
保证充足饮水 182
上火的食物，万万吃不得 182
常吃新鲜水果和蔬菜 182
宝宝清热去火食材精选 183
宝宝营养辅食推荐 183
苦瓜蜂蜜汁 清热降火 183
消暑绿豆沙 清心降火 183

如何增强宝宝体质 184
宝宝饮食 184
预防接种 184
日常生活习惯 184

Part 7 宝宝不舒服了，怎样吃辅食

感冒 186

3 种感冒原因、症状表现和饮食指导 186

吃些富含维生素 C 的蔬果（1 岁以内宝宝） 186

要补充足够的水分（1 岁以后宝宝） 187

增加优质蛋白质食物的摄入（1 岁以后宝宝） 187

感冒时宜吃的食物 187

宝宝对症辅食推荐 188

洋葱粥 强壮骨骼 188

樱桃酸奶 增强抗病能力 188

白菜绿豆饮 清热解毒 188

发热 189

宝宝发热的原因 189

发热的利与弊 189

何时给宝宝服用退烧药 189

发热症状不同，饮食不同 190

发热时宜吃的食物 190

宝宝对症辅食推荐 191

荸荠绿豆粥 清热润肺 191

猕猴桃橙汁 增强宝宝的抗病能力 191

绿豆山药饮 清热、健脾 191

咳嗽 192

咳嗽不同，饮食策略不同 192

宝宝受寒咳嗽第一阶段，应远离百合和川贝 192

宝宝受寒咳嗽第二阶段，应吃些清热的药物 192

宝宝咳嗽的第三个阶段，要及时就医 192

宝宝咳嗽快好时，可用“止咳散”泡脚防反复 192

有寒咳，喝苏叶橘红饮和吃烤橘子 193

有热咳，川贝炖梨最好 193

受凉燥后咳嗽，可喝些姜汤、苏叶水 193

受温燥后咳嗽，可以吃点蜜汁糯米藕 193

多喝水促进痰液咳出（1 岁以内宝宝）194

多食富含维生素和蛋白质的食物（1 岁以后宝宝） 194

咳嗽时宜吃的食物 194

宝宝对症辅食推荐 195

银耳红枣雪梨粥 止咳化痰 195

大蒜蒸水 调理风寒咳嗽 195

百合蜜 调理秋燥咳嗽 195

便秘 196

两种适合便秘的饮食 196

喂些蔬果汁、蔬果泥（1 岁以内宝宝）196

多喝水（1 岁以后宝宝） 196

多吃富含膳食纤维的辅食（1 岁以后宝宝） 196

便秘时宜吃的食物 197

宝宝营养辅食推荐 197

芋头红薯粥 促进排便 197

小白菜猪肉包 促进消化 197

腹泻 198
生理性腹泻和感染性腹泻症状表现及原因 198
腹泻阶段不同，饮食也不同 198
吃些流质辅食（1 岁以内宝宝） 198
少吃富含膳食纤维的食物（1 岁以后宝宝） 198
腹泻时宜吃的食物 199
宝宝营养辅食推荐 199
山药粥 缓解腹泻 199
炒米煮粥 止泻、促进消化 199

厌食 200
宝宝厌食的原因 200
宝宝饮食应定时定量 200
吃些山楂、白萝卜等消食健脾的食物 200
及时补锌 200
厌食时宜吃的食物 201
宝宝营养辅食推荐 201
苹果汁 开胃 201
茄葱胡萝卜汤 补虚、开胃 201

肥胖 202
宝宝肥胖的原因 202
多吃富含膳食纤维的食物 202
减少碳水化合物的摄入 202
多吃饱腹感强的食物 202
肥胖时宜吃的食物 203
宝宝营养辅食推荐 203
冬瓜粥 消脂、利尿 203
绿豆玉米糊 降脂减肥 203

水痘 204
宝宝出水痘的原因 204
吃些易消化的流质食物 204
多喝水，促进毒素排出 204
出水痘时宜吃的食物 205
宝宝营养辅食推荐 205
薏米橘羹 促进新陈代谢、增强免疫力 205

过敏 206
宝宝出现过敏的原因 206
宝宝患有过敏的辅食添加方法 206
每次添加一种新食物 206
灵活运用替代食物 207
出现过敏要停止喂食 207
哪些食物容易引起过敏 207

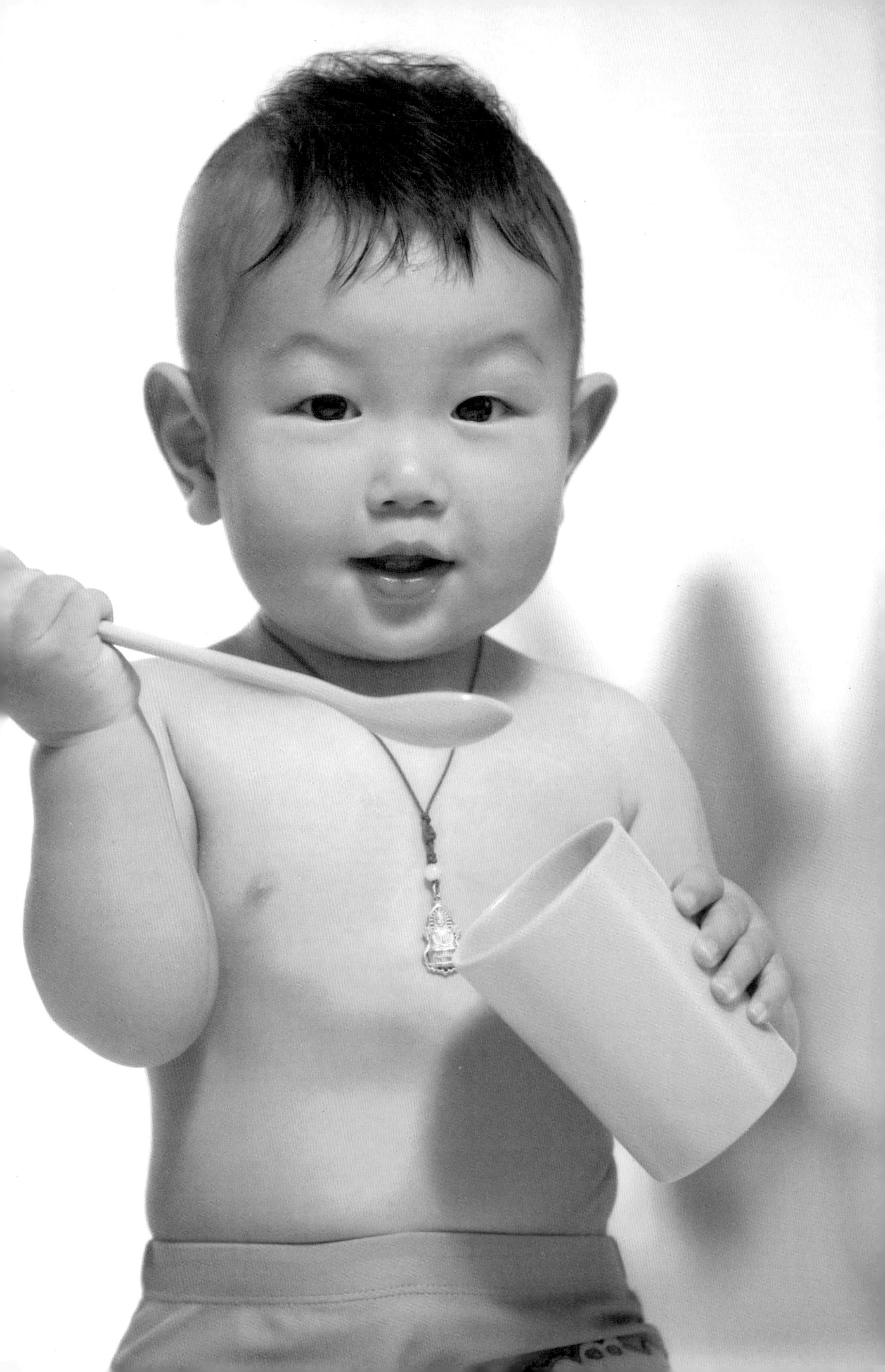

Part 1

辅食添加的必修课

母乳营养已不足，需及时添加辅食补充营养

什么是辅食

对 6 个月以后的宝宝来说，母乳所提供的营养物质已经不能满足宝宝身体快速发育所需了，且吸吮反射逐渐被吞咽反射所取代，这时需要逐渐给宝宝补充一些非乳类食物，包括果汁、菜汁等液体食物，米粉、果泥、菜泥等泥糊状食物以及软饭、烂面，切成小块的水果、蔬菜等固体食物，这一类食物被称为辅食。

补充母乳中的营养不足

随着宝宝逐渐长大，对各种营养素需求也不断地增加，仅靠母乳或配方奶已不能满足成长所需，应该及时给宝宝添加辅食。此外，宝宝的唾液淀粉酶和胃肠道消化酶的分泌也明显增加了，导致宝宝消化能力增强，这样就可以消化乳类以外的其他食物了，因此，添加必要的辅食能补充母乳或配方奶中不足的营养成分。

促进宝宝的肠道发育

宝宝的肠道正处于发育中，到 6 个月时，液态奶已经不能满足宝宝的营养需求了，这时增加不同性状的辅食能有效刺激肠道发育。不同性状的辅食对肠道刺激是不同的，只有肠道发育成熟了，才能吸收更多的营养物质，才能满足宝宝生长发育所需。所以，适时添加辅食有利于宝宝肠道的发育。

锻炼宝宝的咀嚼能力

母乳或配方奶都是液态的食物，基本不需要咀嚼，这样宝宝的咀嚼功能就得不到锻炼，及时添加辅食，可以提升宝宝的咀嚼功能，这样可以为以后吃饭打下良好的基础。另外，随着宝宝的长大，齿龈的黏膜变得坚硬起来，这样宝宝就会用齿龈去咀嚼一些食物，所以，及时添加辅食有利于宝宝牙齿的长出。

帮助宝宝探索新世界

辅食添加的过程中，宝宝的眼、耳、鼻、舌等器官都受到刺激，体验辅食可以说是宝宝探索世界的尝试。

视觉：不同颜色、形态的辅食，促进宝宝对色彩和形状的认识。

嗅觉：许多宝宝出生不久就能够分辨母乳的味道，这是因为宝宝有着灵敏的嗅觉。不同的食物，提供给宝宝不同的气味体验。

味觉：宝宝总喜欢把手里的东西往嘴巴里放，这是味觉发育的需要。让宝宝尝试各种各样的味道，能刺激味蕾的逐渐发育。

触觉：宝宝用嘴触及不同质地的食物，从而可以感受到食物的软硬程度，促进触觉发育。

宝宝能吃辅食的五大信号

世界卫生组织建议，6个月是宝宝辅食添加的最佳时机，但因为每个宝宝的个体差异，所以不能简单的“一刀切”。当宝宝6个月左右时，就要密切观察宝宝的行为，当宝宝出现下面的情况，就说明可以添加辅食了。

1 宝宝能挺直头和脖子时

最初的辅食一般是流质的，不能躺着喂，否则有堵住宝宝气道的危险。所以，应在宝宝可以挺起头和脖子时再开始添加辅食。

2 宝宝开始对食物有兴趣

随着消化酶的活跃，6个月大的宝宝消化功能逐渐发达，唾液的分泌量会不断增加。这个时期的宝宝会突然对食物感兴趣，看到大人吃东西时，会专注地看，自己也会张嘴或朝着食物靠近。

3 宝宝的伸舌反射消失时

刚出生的宝宝都有用舌头推掉放进嘴里的除液体以外的食物的反射习惯，这是一种防止误食、误吸等造成呼吸困难的保护性动作。挺舌反射一般消失于开始挺脖子的6个月前后，把勺子放进宝宝口中，宝宝没有用舌推掉，就可以喂辅食了。

4 宝宝消化器官和肠功能成熟到一定程度

宝宝出生后的前4个月不能消化除母乳及配方奶以外的食物，肠功能尚未成熟，加上辅食容易引起过敏反应。如果出现反复多次的食物过敏，则有可能引起消化器官和肠功能萎缩，造成宝宝对食物拒绝。所以，最好在宝宝消化器官和肠功能成熟到一定程度后再开始添加辅食。

5 需奶量变大，喝奶时间间隔变短

如果宝宝一天之内能喝掉至少900~1000毫升配方奶，或至少要喝8~10次母乳（并且喝光两边乳汁后还要喝），则说明在一定程度上，奶中所含的能量不能满足宝宝的需要，这时就可以考虑添加辅食。

妈妈要知道的辅食添加原则

每个宝宝的发育情况不同，每个家庭的饮食习惯也有很大的差异，所以给宝宝添加辅食的种类、数量也会不同。但总体来说，宝宝辅食添加应该遵循以下的原则。

- **适时添加**

过早给宝宝添加辅食，会导致宝宝腹泻、呕吐，伤及娇嫩的脾胃；过晚给宝宝添加辅食，会造成宝宝营养不良，甚至拒绝辅食，患1型糖尿病的风险也增加。所以，根据宝宝的身体情况，适合添加辅食非常重要。

- **由一种到多种**

宝宝刚开始添加辅食时，要先添加一种食物，等习惯这种食物后，再添加另一种食物。每一种食物需适应1周左右，这样做的好处是如果宝宝对食物过敏，能及时发现并找出引起过敏的是哪种食物。

- **由少到多**

给宝宝添加一种新的食物，必须先从少量开始喂起。父母需要比平时更仔细地观察宝宝，如果宝宝没有什么不良反应，再逐渐增加一些。拿添加蛋黄来说，应从1/4个开始，如果宝宝能够耐受，1/4的量保持几天后再加到1/3，然后逐渐加到1/2、3/4，最后为整个蛋黄。

- **由稀到稠、由细到粗**

给予的食物应逐渐从稀到稠，添加初期给宝宝吃一些容易消化、水分较多的流质辅食，然后慢慢过渡到各种泥状辅食，最后添加柔软的固体食物。给予食物的性状应从细到粗，可以先添加一些糊状、泥状辅食，然后添加末状、碎状、丁状、指状辅食，最后是成人食物形态。

- **注意观察宝宝的消化能力**

添加一种新的食物，宝宝如有呕吐、腹泻等消化不良反应时，可暂缓添加，待症状消失后再从少量开始添加。

1 岁以内的宝宝辅食不要加盐

1 岁以内的宝宝肾脏功能尚未完善，摄入盐分和糖分会加重宝宝肾脏的负担，所以宝宝辅食要清淡，尽量体现食材天然的味道。

不要很快让辅食替代乳类

6 个月以内，宝宝吃的主要食物仍然应以母乳或配方奶为主，因为母乳或配方奶中含有宝宝需要的营养，在此阶段添加一些流质的辅食即可。其他辅食只能作为一种补充食物，不可过量添加。

不要强迫进食

当宝宝不愿意吃某种新食物时，切勿强迫，可改变给予方式。例如，可在宝宝口渴时给予新的菜汁或果汁，在宝宝饥饿时给予新的食物等。

心情愉快

给宝宝添加辅食时，应该营造一种安静、轻松的氛围，且有固定的场所和餐具，最好选择宝宝心情愉快的时候添加辅食，这样有利于宝宝接受辅食。如果宝宝身体不适，应该停止喂食，等身体好了再喂。

不要在炎热的季节添加辅食

天气热会影响宝宝的食欲，降低饭量，还会导致宝宝消化不良。所以，最好在天气凉爽时给宝宝添加辅食。

宝宝生病时不要添加辅食

要让宝宝感觉吃饭是件快乐的事情，所以，宝宝生病时不要添加辅食，也不要添加新的食物。

辅食添加的进程表

	嘴的情况	舌头的情况	长牙的程度	辅食添加
4~6个月	用勺子轻微刺激宝宝嘴唇，当他伸出舌头时，就可以放入食物。因宝宝处于半张口的状态下咀嚼，会有食物流出来的情况	嘴里进入食物时，“伸舌反射”会消失，可以前后移动舌头吃米糊	还未到长牙的月龄，但发育快的宝宝下牙会长出	可以喂些糊状米糊和面糊等
7~9个月	会闭口慢慢咀嚼食物	舌头会前后上下搅动，表明可以吃辅食了	大多宝宝长出下牙，但不能正常咀嚼，发育快的宝宝开始长出上牙	可以吃与豆腐软硬相当的辅食
10~12个月	能用牙龈压碎和咀嚼辅食	舌头可以熟练地上下摆动	会长出2颗下牙和4颗上牙	可以吃与香蕉软硬相当的辅食
13~18个月	可以吃和大人相似的食物，不要太硬	舌头变得灵活，可以用舌头移动食物	1岁前后会长出板牙	可以吃软饭了，做菜可以适量加点盐
19~36个月	可以利用前牙咬碎食物，门牙可以咀嚼食物	可以和成人一样熟练使用舌头	尖牙会在16~18个月开始长出，2颗门牙会在20个月开始长出，发育快的宝宝会长出全部牙齿	米饭、杂粮饭等都可以喂食

厨房“神器”让做辅食“手到擒来”

给宝宝制作辅食虽然可以使用平时家人用的厨具，但还是建议特别准备，供宝宝专用为好，这样在使用上比较方便，会为妈妈节省很多宝贵的时间。

计量杯
在测量汤水时使用，一般为200毫升制品，也有250毫升的。

计量勺匙
方便测量少量食材时使用，一般5个为一组，从大到小分别为15毫升、10毫升、5毫升、2.5毫升和1毫升。

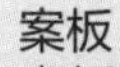

案板
案板是制作宝宝辅食的必备工具，不管是木质案板，还是塑料案板，都要及时清洗、消毒。最简单的消毒方法就是开水烫或者日光晒。其实，最好选择宝宝专用案板制作辅食，这样可以减少和大人同用引起的交叉感染。

研钵和研棒
用来捣碎食物用。

搅拌机
用来把食物搅碎，又可拿来榨蔬果汁。

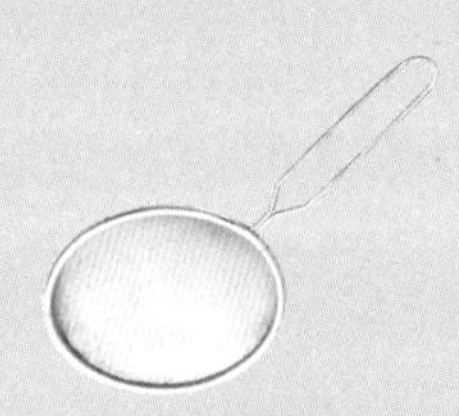

过滤筛
在榨汁和滤清汤水时使用。

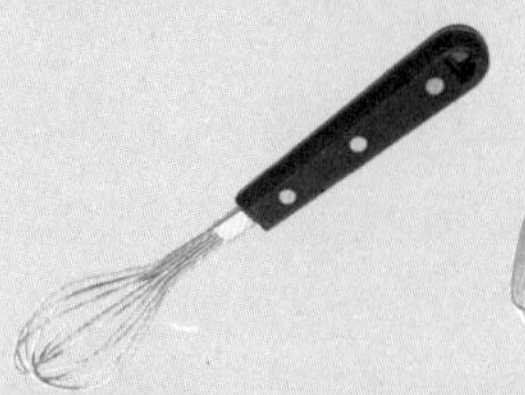

打蛋器
用来将鸡蛋液打散、制作辅食时进行混合稀释搅拌。

擦碎器
用来将蔬菜或水果擦成细丝、薄片或泥糊状。

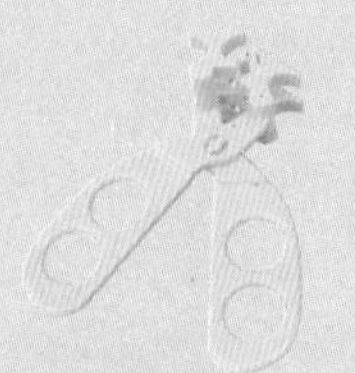

万能剪
随时切割宝宝的辅食。

全自动面条机
可以轻松制作宝宝吃的龙须面、通心面等。

不同食材的计量法

常用食材的计量法

食材的用量不用精确计量，用平常的勺子或靠感觉就能取到适当的量。

大米 10 克
1 勺的量

泡后的大米 10 克
勺中的米凸起 0.5 厘米的量

西蓝花 10 克
2 个鹌鹑蛋大小或剁碎后 1 勺

西蓝花 20 克
3 个拇指大小的量

土豆 10 克
将土豆切成 5 厘米 ×2 厘米 ×1 厘米的长条或搅碎后的 1 勺

土豆 20 克
直径 4 厘米土豆的 1/4 大小

胡萝卜 10 克
搅碎后 1 勺

胡萝卜 20 克
直径 4 厘米的胡萝卜切取 2 厘米厚的 1 块

红薯 20 克
长、宽、高为 5 厘米 ×2 厘米 ×2 厘米的 1 块

洋葱 10 克
拳头大小的洋葱切取 1/16 大小的 1 块

南瓜 10 克
搅碎后 1 勺

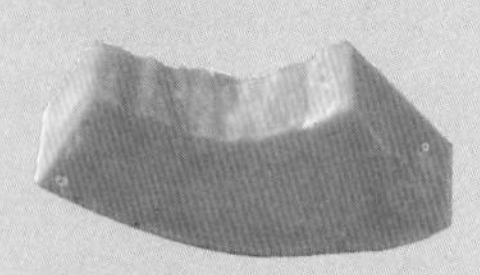

南瓜 20 克
直径 10 厘米的南瓜切取 1/16 大小的 1 块

菠菜 10 克
勺子一样大小的 2 片或搅碎后的 1/2 勺

菠菜 20 克
从茎到叶子约 12 厘米长的菠菜 5 根

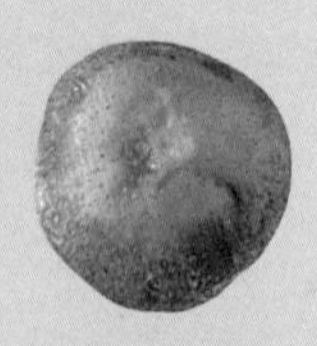

香菇 20 克
中等大小的香菇 1 个

金针菇 20 克
用手握住时食指到拇指的第一个指节

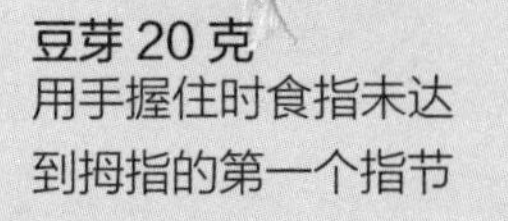

豆芽 20 克
用手握住时食指未达到拇指的第一个指节

苹果 10 克
压成汁后 1 勺

豆腐 10 克
压碎后 1 勺

豆腐 20 克
切取 200 克豆腐的 1/10 大小的一块

牛肉 10 克
2 个鹌鹑蛋大小或压碎后 1/2 勺

牛肉 20 克
1 满勺的量

黑豆 10 克
50 ~ 65 粒

调料类计量法

	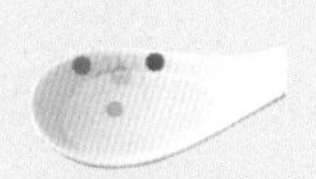	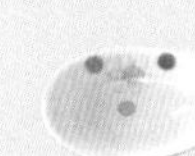
食用油 1 大勺 15 毫升	**食用油** 1 小勺 5 毫升	**食用油** 2 毫升

酱油 1 大勺 15 毫升	**酱油** 1 小勺 5 毫升	**酱油** 2 毫升
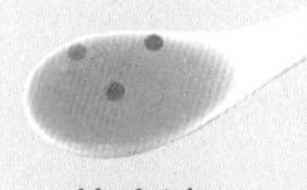	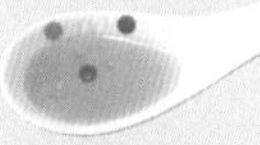	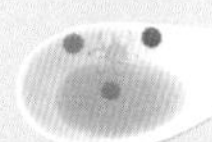 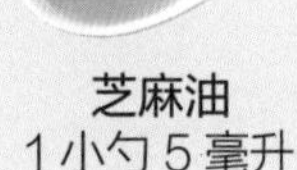
芝麻油 1 大勺 15 毫升	**芝麻油** 1 小勺 5 毫升	**芝麻油** 2 毫升
	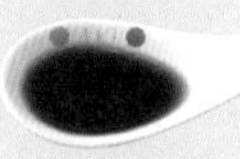	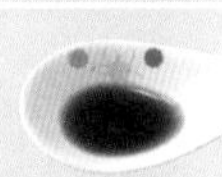
醋 1 大勺 15 毫升	**醋** 1 小勺 5 毫升	**醋** 2 毫升

盐 1 大勺 15 克	**盐** 1 小勺 5 克	**盐** 2 克

白糖 1 大勺 15 克	**白糖** 1 小勺 5 克	**白糖** 2 克

勺计量法

1 小勺相当于 1 大勺的 1/3，材料达到凸起的程度，是 5 毫升的量，相当于成人用勺的 1/3 程度或宝宝用勺的 1 勺。把材料切碎或压汁后的 10 克相当于成人用勺的 1 勺或宝宝用勺的 3 勺的量。

常见的辅食制作方法

研磨

1 用研钵研磨。做粥时就可以用杵棒将熟米粒捣碎。最好事先准备好专用于制作宝宝断奶食品的研钵。

2 用搅拌机研磨。比如花生、芝麻等坚果，可以用搅拌机所带的干磨杯来将食物研磨成粉，这样能节省不少的时间。磨好的食物粉末可以添加在宝宝的断奶食物中。

压碎

1 用勺背压碎。将食物放入盘或其他容器中，用勺背将食物压碎。

2 用菜刀压碎。像豆腐一样硬度的食物，可放在砧板上用刀的侧面摁压，也能轻松地压碎。

榨汁

1 用榨汁机榨汁。可以用榨汁机榨橙汁、橘子汁、西瓜汁等。具体做法是：将果肉切成小丁后倒入榨汁机中，榨汁机会自动将汁和渣分离，取汁非常方便。

2 用擦板榨汁。可用擦板榨番茄、黄瓜等蔬菜汁。具体做法是：将盛放蔬菜汁的容器放在擦板下，一手抓牢擦板，一手拿已切开的蔬菜，取大小合适的蔬菜在擦板上来回擦，就可以擦出蔬菜汁。

剁碎

1 用菜刀剁碎。将食物处理干净，放在案板上，用菜刀剁碎，加点水用刀背轻拍肉碎，这样有利于保留食物的营养，但要注意卫生。

2 用搅碎机搅碎。将食物处理干净，放入搅碎机中搅碎，就可以进一步处理了。

自制各种宝宝辅食底汤

素高汤

材料：黄豆芽200克，胡萝卜1根，鲜香菇10朵，鲜笋300克。

做法：

1 将黄豆芽择洗干净；将胡萝卜、鲜笋择洗干净，切块；将鲜香菇择洗干净，切块。

2 将黄豆芽、胡萝卜、香菇、鲜笋放入砂锅中，加2000毫升清水，大火煮开，转小火再煮30分钟。

3 汤煮好后，捞起汤料，将清汤自然凉凉，然后装进保鲜盒，放冰箱冷藏。一次不用煮太多。

鸡汤

材料：鸡骨架1副。

做法：

1 将鸡骨架收拾干净，再用滚水烫去血水后，捞出，冲洗掉表面的血沫子，放入锅中，加入2000毫升清水煮开，转至小火煮。

2 边煮边撇净表面浮沫，用小火煮30~40分钟，捞出鸡骨架，取汤汁，凉凉。

3 汤汁凉凉后取一次的用量装入保鲜袋中，系好袋口，放入冰箱冷冻即可。

鱼汤

材料：鲢鱼头1个，葱段、姜片各适量。

做法：

1 将鲢鱼头收拾干净，然后洗净、剖开，沥干水分。

2 锅置火上，倒入适量植物油烧热，放入鱼头两面煎至金黄色，盛出。

3 将煎好的鱼头放入砂锅中，加2000毫升温水、葱段、姜片大火煮开，转小火煮至汤色变白、鱼头松散，熄火，凉凉。

4 将汤过滤后，取一次的用量装入保鲜袋中，系好袋口，放入冰箱冷冻即可。

猪棒骨高汤

材料：猪棒骨2根。

做法：

1 将猪棒骨清洗干净，再用沸水焯烫去血水，捞出，冲洗掉表面的血沫子，放入锅中，加入2000毫升清水煮开，转至小火煮。

2 边煮边撇净表面浮沫，用小火再煮2个小时，捞出猪棒骨，取汤汁。

3 汤汁凉凉后放入冰箱冷藏1~2个小时，待表面油脂凝固后取出，刮去表面油脂，取一次用量的高汤装入保鲜袋中，系好袋口，放入冰箱冷冻即可。

自己动手制作天然调味料

给 1 岁以内宝宝制作辅食时不放任何调料，总觉得少了点儿鲜味儿，但放了调料又会伤害宝宝的味蕾。将晾至干硬的食材磨成粉，加入辅食中当作调料来调味，不但能使辅食的味道更好，而且能为宝宝补充营养。

香菇粉

取 500 克鲜香菇去蒂，洗净，在阳光下晒至干透，放入搅拌机的干磨杯中磨成粉，放入密封瓶中保存即可。

海带粉

用 150 克海带，擦净上面的白色盐分，放入烤箱中烤脆，放入搅拌机的干磨杯中磨成粉，放入密封瓶中保存即可。

山药粉

取 150 克山药去皮切片晾干，用小火烤制一下，然后磨成粉，放入密封瓶中保存即可。

海苔粉

取 100 克海苔片用剪刀剪成小块儿，放入搅拌机的干磨杯中磨成粉，放入密封瓶中保存即可。

洋葱粉

取 100 克洋葱去外皮洗净，切成 1 厘米见方的小丁，放入烤箱中烤 15~30 分钟，放入搅拌机的干磨杯中磨成粉，放入密封瓶中保存即可。

小鱼粉

取鲜小银鱼去掉内脏，冲洗干净，沥干水分，在阳光下晒至干透或放微波炉中进行干燥，放入搅拌机的干磨杯中磨成粉，放入密封瓶中保存即可。

虾粉

虾皮用水浸泡去咸味，捞出后把水挤干，放入炒锅中小火翻炒至虾皮完全失水、颜色微黄，放入搅拌机的干磨杯中磨成粉，放入密封瓶中保存即可。

芝麻粉

适量的黑芝麻放入不加油的锅里炒熟，放入搅拌机的干磨杯中磨成粉，放入密封瓶中保存即可。

Tips

调味料保存方法

做好的调料粉要放在干燥的环境内保存，千万不要进水或受潮，否则会成团，没法使用。

辅食食材冷冻储存方法

冷冻储存要点

要点 1：冷冻时间不要超过 1 个星期

冰箱不是保险箱，其中冷冻的食物也不是永远都能完全保持其口感和营养价值的。总体来说，冷冻保存的食品冷冻时间越长，口感和营养价值就越差。给宝宝做断奶餐的食品冷冻时间不要超过 1 个星期。

要点 2：让食材急速冷冻

急速冷冻可最大限度地保留食物的口味和营养，这就要求食材的体积不能过大，比如肉类，可以切成片或剁成肉末，按每次的用量分装，食材体积小了就可以实现急速冷冻。食材解冻时要放在 15℃以下的空气中自然解冻，才不会改变食材的口味和营养，最好的解冻方法是放到冰箱的冷藏室内解冻。

要点 3：贴上食物名称和冷冻日期

送进冰箱冷冻的食物很容易变干，可将食物放在保鲜盒或保鲜袋中存放，并在上面贴上食物名称和冷冻日期，这样妈妈们就不会忘记食材的冷冻时间了，在食材最新鲜的时候做给宝宝吃。

部分食材的冷冻处理方法

1 鸡肉。因为鸡肉容易变质，所以煮熟后散热，按一顿的量分开包好，然后放入封闭容器中冷冻。

2 牛肉。一次性煮熟牛肉，然后去除水分和散热，再按一次的量用保鲜膜包好后放入保鲜袋中冷冻。

3 鱼肉。鱼煮熟后去除皮和刺捣碎，然后按一次的量用保鲜膜包好后放入保鲜袋中冷冻。

4 小白菜。小白菜如果想冷冻保存，要将小白菜用水焯熟后滤干水分，切成合适的大小，用保鲜膜包好冷冻保存。然后在短时间内尽快吃完，因为存放 3 天后就会失去原有的味道和营养。

5 主食。米饭、米粥等主食最好冷冻保存，因为主食即使在低温下也很容易变质。冷冻保存时宜装在密闭的盛器中，以免混入其他食材的味道。

在家给宝宝做面条，安全又放心

如何和面

面条比较容易消化，所以很多妈妈喜欢给宝宝做点面条。但如何把面条做得柔软、好看，让宝宝爱吃呢？和出非常柔软的面团是一个基础步骤，也是非常关键的一步。

和面团的步骤：

1 将50克面粉和30毫升温水放入盆中，用筷子搅拌成柳絮状（每个牌子的面粉吸水性不同，适合的比例也会有所不同，当水加得偏多，面团会柔软些，缺点就是容易黏，要不断地洒干粉来防黏）。

2 用手把棉絮状的面捏到一起，边捏边揉成一个面团，揉成表面光滑即可。

面团柔软的小窍门

妈妈要想揉出柔软的小面团，要注意面粉和水的比例，一般5：3比较好。此外，要用温水和面，这样面条就不会硬了。

星星面

1. 先揉好面团，然后在面板上擀成一张薄薄的饼。
2. 用刀将面饼切成一个个小方块。在切好的面片上多撒一些干面粉，然后用刀切成一个个小块状的小小面片，再次撒干面粉，防止黏在一起，最后用刀随意剁，这样小粒的星星面就成了。

在制作星星面的过程中，要不断撒干面粉，这样才能保证星星面不黏在一起。

蝴蝶面

1. 事先揉好加入胡萝卜汁、南瓜的面团两个。
2. 两个面团分别擀成薄饼，然后用啤酒瓶盖压成一个个小圆饼。
3. 用食指轻轻压在小圆饼中间，用筷子在中间往里轻轻一夹即可。

手工面片

1. 事先揉好面团，然后在面板上擀成一张薄薄的饼。
2. 用刀将面饼切成一个个长条形状，再切成菱形的面片即可（可以多撒一些干面粉，防止面片黏在一起）。

宝宝一天吃得够不够，看小手就知道了

美国健康机构推出了“双手控制食物热量指南”，即将每个人的双手变成食物的“量器”，用手可以测出你的标准饭量。对于3岁以内不会表达饥饱的宝宝来说，用自己的小手就能测量每餐需要吃多少食物。这种方法虽然不是特别准确，但非常简单实用。

脂肪：两个拇指的量

脂肪主要来自于植物油、坚果等，宝宝每餐的摄入量最大为两个拇指大小即可。

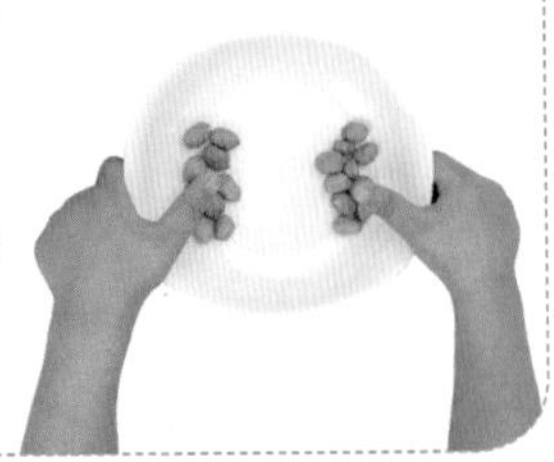

碳水化合物：两个拳头的量

碳水化合物主要来自面粉、大米等给宝宝做的主食，两个拳头的量就可以满足宝宝一天对碳水化合物的需求了。

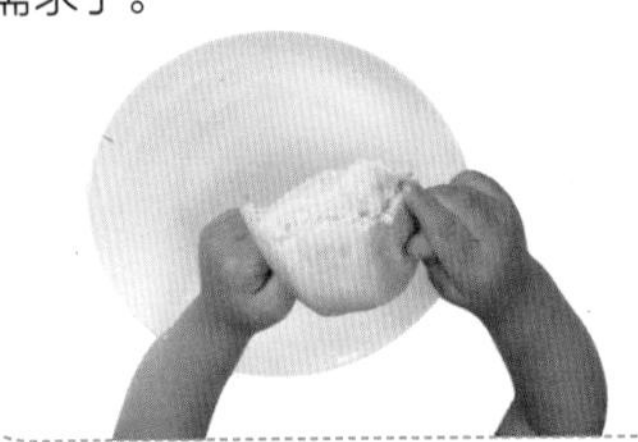

蔬菜：两手抓的量

宝宝两只手能够抓起的菜量就可以满足他一餐对蔬菜的需求量，做熟后相当于两个拳头大小。

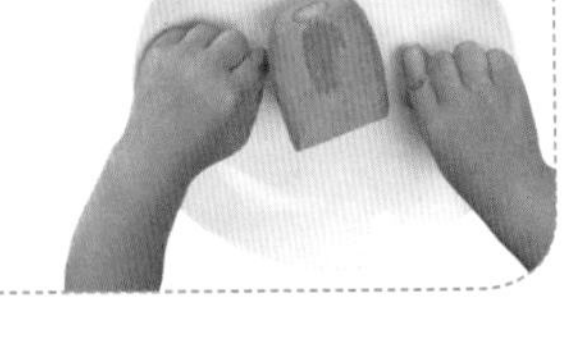

蛋白质：一个掌心的量

蛋白质主要来自肉类、鱼类、鸡蛋、奶制品、豆类等，宝宝每餐的摄入量为一个掌心的大小，且厚度也相当。

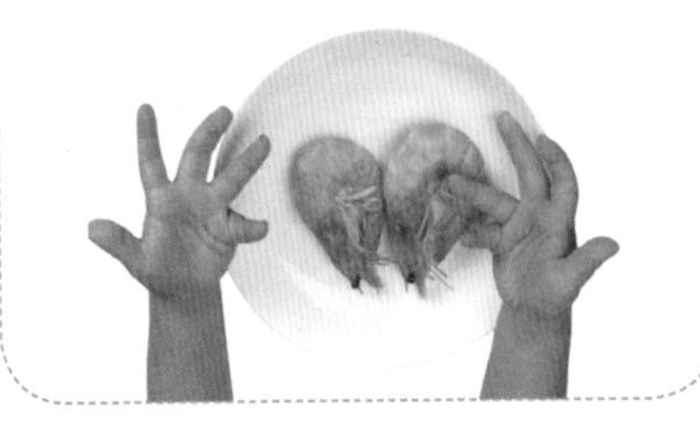

水果：一个拳头的量

宝宝一天对水果的需求量相当于一个拳头大小（可食入部分）。

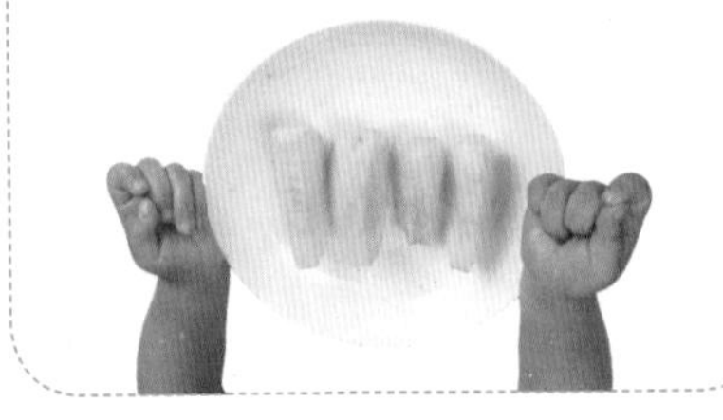

Part 2

辅食喂养，妈妈最关心的问题

早产宝宝如何添加辅食？

早产宝宝添加辅食的月龄是有个体差异的，一般不宜早于矫正月龄 4 个月，不晚于矫正月龄 6 个月［矫正月龄 = 实际出生月龄 -（40 周 - 出生时孕周）/4］。

当宝宝抬头稳定、扶着能坐，看见成人食物就流口水等就要尝试给宝宝添加辅食。因为过早给宝宝添加辅食，会影响宝宝的吃奶量，还会导致消化不良；过晚添加辅食，会影响宝宝身体的发育，甚至造成进食困难。

此外，1 岁以内奶类是早产宝宝的主食，所以辅食量不能过多，但花样要多，这样才能保证营养摄取均衡，促进身体发育。

如何判断宝宝是否适应了辅食？

对于宝宝吃辅食是否顺利，可以通过下面几点来判断：①吃辅食过程是否适应。给宝宝添加辅食后，要观察宝宝有没有腹泻、呕吐、便秘等过敏反应。如果出现过敏情况，或大便中有完全未消化的食物排出，应该停止添加新辅食，等 1 周后再尝试添加。如果过敏症状严重，应及时就医。②宝宝吃完辅食后，是否有满足感。③宝宝大便的次数、性状是否正常。如果大便中有较多的原始食物颗粒，下次加工辅食就应该再做细点。如果大便次数增加，就要少喂点辅食。④宝宝的生长发育情况是否正常。

宝宝是 4 个月添加辅食，还是 6 个月？

随着宝宝的长大，父母会发现，当大人吃饭时，宝宝会专注地盯着看，甚至会流口水，还会有伸手抓食物往嘴里送的行为；当宝宝玩玩具时，也会把玩具往嘴里放。看到宝宝出现这些行为时，父母就会非常忐忑，是不是应该给宝宝添加辅食呢？

世界卫生组织（WHO）建议，6 个月以内宝宝纯母乳喂养，6 个月以后的宝宝开始添加辅食。一般来说，纯母乳喂养的宝宝，体重增加在正常范围内，就可以 6 个月添加辅食；人工喂养及混合喂养的宝宝，在满 4 个月以后，身体健康，也可开始添加辅食。需要注意的是，无论何种喂养方式喂养的宝宝，都应在满 6 个月开始添加辅食。但具体何时添加辅食，应根据宝宝的消化吸收情况，是否过敏、腹泻或便秘、身高体重变化等决定。

Q 能参考别的宝宝衡量自家宝宝的进食量吗？

A 不能。每个宝宝的体质不同，肠道消化能力不同，所以对辅食的进食量也不同。只要宝宝生长发育正常，父母就不要纠结宝宝到底吃了多少。若发现宝宝生长缓慢，应考虑是否因为宝宝对食物的性状、味道不接受或者过敏等。如果是喂养不规律等造成的，就应及时调整辅食性状、种类及喂养方式，否则会影响宝宝的健康成长。

如何判断宝宝辅食添加的效果？

A 评价宝宝辅食添加效果最重要的标准是“生长数据”。如果宝宝生长发育的各项指标符合正常的生长数据，就不要为诸如大便次数、胖瘦、饭量等指标所干扰。

Q 宝宝辅食是做，还是买？

A 自制辅食最大的优点是能够保证食物的新鲜。新鲜的食物营养素保留更完整，而且制作辅食过程中能够体会到为人父母的幸福，也能增强亲子之间的感情。但是，自己制作辅食从买菜、清洗、加工、制作到食材搭配等，都需要花费不少时间，而且可能存在搭配和烹调不合理的问题，容易造成营养素的不均衡或流失，对宝宝的健康不利。

购买现成辅食最大的优点是方便，不需要花费时间制作，且花样繁多，口味丰富。现在市售辅食的生产都禁止添加防腐剂，且真空包装。菜泥等比自制的更精细，更好吸收，适合较小的宝宝食用。但不能一直给宝宝吃过于精细的食物，否则不利于宝宝牙齿的发育。此外，市售辅食价格往往较高，会给家庭带来一定的经济压力。

总之，无论是自制辅食还是市售辅食，只要营养丰富、吸收良好，就能促进宝宝健康成长。

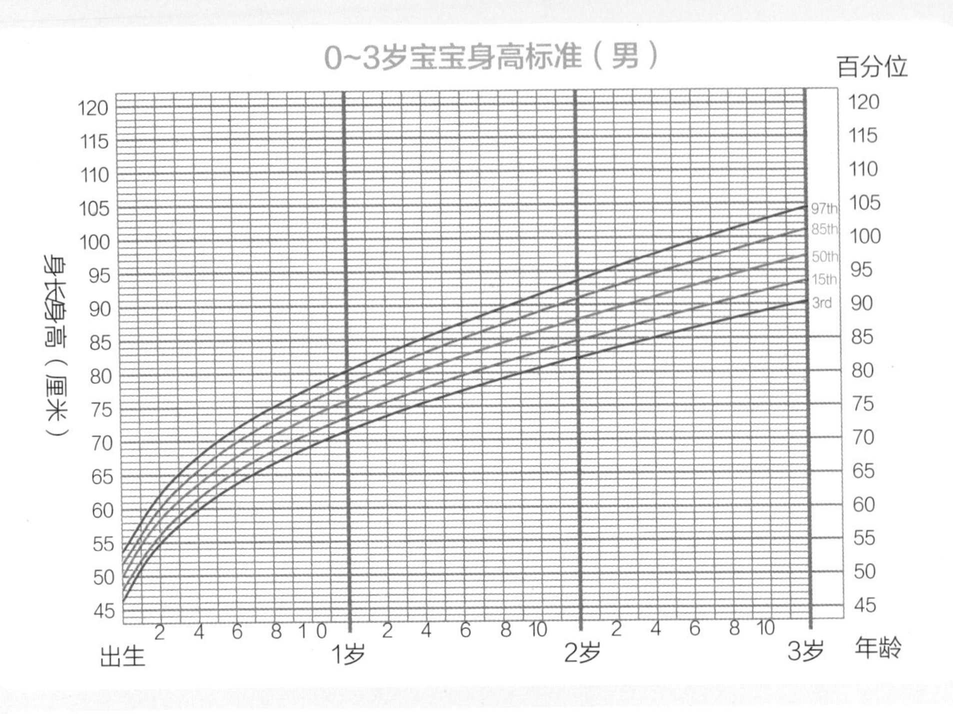

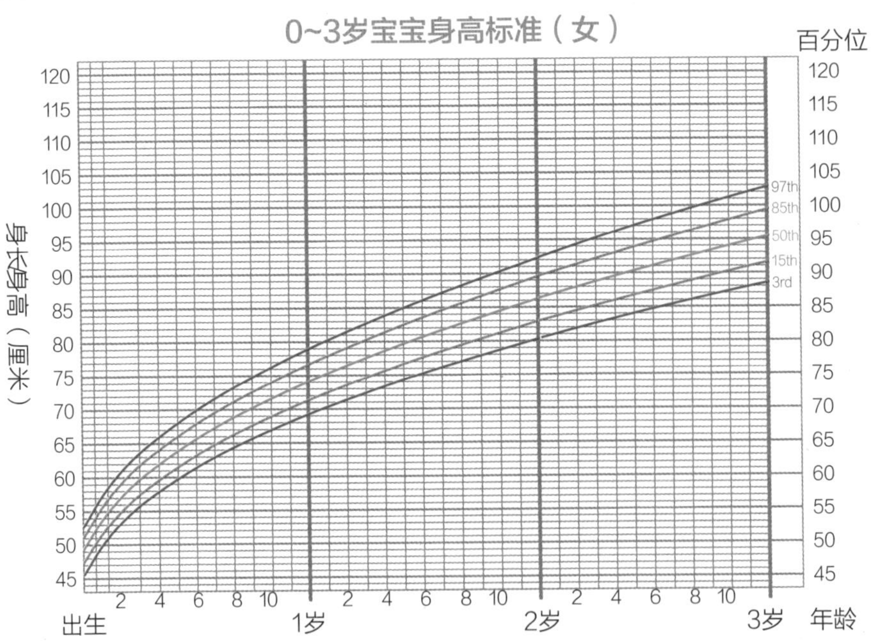

注：上面为0~3岁男女宝宝的身高发育曲线图。以男孩为例，该曲线图中对生长发育的评价采用的是百分位法。百分位法是将100个人的身高按从小到大的顺序排列，图中3rd，15th，50th，85th，97th分别表示的是第3百分位，第15百分位，第50百分位（中位数），第85百分位，第97百分位。排位在85th~97th的为上等，50th~85th的为中上等，15th~50th 的为中等，3th~15th的为中下等，3rd以下为下等，属矮小。

宝宝辅食吃得好，吃奶就不用太讲究了？

A 这样做不科学。宝宝添加辅食是一个循序渐进的过程，开始进食辅食的量是很少的，虽然吃得很好，但也不能满足宝宝身体发育所需，所以维持一定的喂奶量是不可少的。此外，千万不要吃奶后给宝宝添加辅食，这样会降低宝宝对辅食的兴趣。

1 岁以内的宝宝辅食可以加盐吗？

A 不可以。因为 1 岁以内的宝宝肾脏发育不完善，摄入太多盐会增加肾脏负担，对身体不利。一般认为 1 岁以内的宝宝辅食中可以完全不加盐，母乳和配方奶粉中的钠盐就能满足需要了。但如果辅食中一点盐不放，有的宝宝难以接受，因而食欲下降而影响其他营养的摄入。针对这样的情况，制作 6 个月以后的宝宝辅食可以利用一些天然食物来调节味道，既不会增加肾脏负担，还会促进宝宝味蕾的发育。

Q 宝宝添加辅食后体重增长缓慢怎么办？

A 宝宝添加辅食后体重增长缓慢主要有三个原因：① 三大基础营养素摄取不足。三大基础营养素主要是指蛋白质、脂肪、碳水化合物。宝宝 6 个月添加辅食后，首先要保证碳水化合物的摄入量，至少占每次喂食的一半，如婴儿营养米粉、米糊等。此外，在保证碳水化合物基础上，蔬菜、水果、肉类都不能少。② 辅食性状不适导致的消化不良。1 岁以内宝宝主要练习咀嚼进食，所以一些辅食做得过大，直接吞进去，很容易导致大便内有原始食物的颗粒或排便量增多，所以父母做辅食的时候，要根据宝宝的发育情况，制作性状合适的辅食。③ 宝宝身体有疾病困扰，要及时就医。

添加辅食后，宝宝不吃奶怎么办？

宝宝天然喜欢甜味和咸味，排斥苦味和辣味。但宝宝接受了果汁、大人饭菜等味道的食物后，就会对平淡的配方奶甚至母乳失去兴趣。这就是为什么不建议大家过早给宝宝添加果汁、菜水等原因。

想要纠正宝宝厌奶的问题，首先要找出宝宝到底喜欢什么味道，然后用这种味道作为引子，让宝宝逐渐恢复对奶的兴趣。如母乳喂养前，在乳头上涂上一些果汁，来提高宝宝对进食的兴趣，然后逐渐减少，甚至恢复正常就行了。

建议父母给宝宝制作辅食时，不要把辅食的味道弄得“特别好”，以免出现厌奶现象。

开始添加辅食后要不要给宝宝补钙？

6 个月以前不需要。钙作为宝宝成长中一种重要的营养素，父母在给宝宝补钙时既要考虑摄入量，更要考虑吸收率。人体对钙剂的吸收率较低，食物中的钙最易被吸收。

6 个月 ~ 1 岁的宝宝，每日奶的摄入量 600 ~ 800 毫升；1~1.5 岁的宝宝，每日奶的摄入量 400 ~ 600 毫升；1.5 ~ 3 岁的宝宝，每日奶的摄入量 ≥ 500 毫升，随着辅食添加，高钙食物减少，宝宝就需要额外补钙。

对于 1 岁以后的宝宝，也可以喝些超市里的低温杀菌奶，虽然保质时间较长，但因为经过高温消毒比较安全。

Q 给宝宝喝煮水果水或菜水，好吗？

A 不建议。蔬菜和水果都富含维生素，煮沸后，维生素往往被破坏，就会降低蔬菜和水果的营养价值。所以，不建议给宝宝喝煮过的水果水和菜水。此外，煮水果水和菜水过程中还存在安全问题，因为蔬菜和水果表面的色素、农药会溶于水中，这些都会伤害宝宝的身体健康。

Q 可以用果汁代替水果吗？

A 不可以。一些妈妈怕宝宝吃水果会噎着，就会把水果榨成汁给宝宝喝，认为这样也能为宝宝提供水果中的营养成分，这是不妥的。自制果汁能保留水果中大部分水溶性维生素及矿物质等营养素，但大量的膳食纤维、钙等却保留在水果残渣中，就不能被宝宝吸收到。此外，宝宝吃水果能锻炼咀嚼肌和牙齿，还能刺激唾液的分泌，增强宝宝的食欲。

Q 鸡蛋黄为什么不是宝宝的第一辅食？

A 因为鸡蛋黄很容易引起过敏反应。6 个月的宝宝肠胃脆弱，摄入鸡蛋黄很容易引起消化不良，进而延缓宝宝的发育。所以对于身体发育状况良好的宝宝，可以在 8 个月以后，给宝宝添加蛋黄，1 岁以后添加整蛋。所以，宝宝的第一种辅食不是鸡蛋黄，而是前面提到的婴儿营养米粉，二者的具体区别，下面的表格可以一目了然。

	鸡蛋黄	婴儿营养米粉
营养成分	高蛋白、高脂肪	全面
接受程度	不易接受	接近母乳或配方奶，容易接受
消化吸收程度	不易吸收，难消化	容易消化
未来偏食的可能性	大	小
过敏的可能性	较高	较低

Q 宝宝的辅食越碎越好吗？

A 不是。细、碎、软、烂——这是多数爸爸妈妈在给宝宝添加辅食时遵循的准则，因为在他们看来，只有这样才能保证宝宝不被卡到，吸收更好。可事实上，宝宝的辅食不宜过分精细，且要随月龄的增长而变化，以促进宝宝咀嚼能力和颌面部的发育。

6个月的宝宝辅食以泥糊状为佳；7~9个月宝宝辅食以末状辅食为佳；10~12个月宝宝进入牙齿生长期，可喂一些烂面条、肉末蔬菜粥、烤面包片等，并逐渐增加食物的体积，由细变粗，由小变大，而不是一味地将食物剁碎、研磨。

Q 可以一次多做辅食留存，然后热着给宝宝吃吗？

A 最好不要。宝宝脾胃娇嫩，对食物很挑剔。所以，宝宝辅食最好现吃现做，这样可以更好地保留食物的营养成分，还能保证食物的安全。如果一次做很多，保存和加热过程中都可能导致安全问题。如果没有现做的可能，可以一次多做点，然后按一顿的份量分开包好，放入冷藏室保存。但冷藏最好不要超过3天，冷冻至多1周，尽早食用为佳。

Q 能用奶、米汤、稀米粥等冲调米粉吗？

A 不可以。很多父母在给宝宝添加婴儿营养米粉的开始阶段，用奶、米汤、稀米粥等冲调米粉，这样做是不科学的。

首先，奶、配方奶冲调米粉浓度太高，会增加宝宝的肠胃负担，导致消化不良，不利于营养的吸收，影响宝宝生长发育。此外，还会增加辅食的总量和喂养时间。其次，米粉是初期辅食，以后逐渐过渡到主食，如果和奶等一起冲调，味道口感会接近成人食物，不利于宝宝肠胃发育。

所以，对于刚开始添加婴儿营养米粉的宝宝来说，用温水冲调米粉最科学，也最有利于宝宝对营养成分的消化吸收。

给宝宝喂食豆浆有哪些禁忌？

A 1岁以后的宝宝可以喝豆浆，但有些禁忌需要特别注意。① 最好不加糖：经过加工后，食糖的很多有益成分被破坏了，对宝宝的健康不利。② 不能喂食过多：宝宝食用过多的豆浆容易引起一过性蛋白质消化不良，使宝宝出现腹胀、腹泻等不适症状。

Q 如何给宝宝选择饮料？

A 一般给宝宝的饮料要挑选不含咖啡因、色素、磷酸盐、香熏料、糖分的。以橘子或番茄等为主原料的果汁有过敏的危险，要谨慎喂食。

用谷类等制作的饮料，如果是2种以上的主原料混合制成，也有过敏和消化不良的危险，最好在1周岁以后再喂。

另外，在给宝宝喂饮料的时候要掌握好量。1岁前的宝宝一天不超过2次，一次50毫升；1岁后一天喂2次，一次喂100毫升即可。

Q 为什么不宜让宝宝吃过多的巧克力？

A 巧克力中含有较多的脂肪和热量，是牛奶的7~8倍。多吃巧克力对宝宝来说，并不适宜。因为巧克力中含蛋白质较少，钙和磷的比例也不合适，糖和脂肪太多，不能满足宝宝生长发育的需求。另外，多吃巧克力往往会导致宝宝食欲低下，长此以往会影响宝宝的生长发育。

Q 为什么宝宝不宜吃冷饮？

A 宝宝吃了冷饮后，血管会因受到冷刺激而收缩，影响身体往外散热。冷饮进入肠胃，会刺激胃黏膜而使消化酶的分泌减少，从而使消化能力减弱，影响对摄入食物中营养物质的吸收和消化，严重的还会导致宝宝消化系统功能紊乱，使宝宝发生经常性腹痛。

Q 宝宝进食辅食量少怎么办？

A 一般来说，宝宝食量都是比较小的。当父母感觉宝宝食量较小时，应该结合宝宝身体发育情况进行理智判断，而不能单纯地增加辅食量。

如果宝宝真的存在进食辅食量较少的问题，应找到原因，及时调整。

Q 在给宝宝制作果汁时，是否可以直接用榨汁机，而不用研磨、不用纱布过滤呢？

A 可以直接使用榨汁机，但需要注意的是，榨汁机使用前要用开水烫一下，使用后要马上清洗干净，不要让残渣残留在榨汁机上。

Q 宝宝每次吃辅食又急又快，会不会养成狼吞虎咽的习惯？

A 不会的。妈妈需要担心的是宝宝会不会因为吃得过急，导致被食物呛到。首先，妈妈要确保辅食细滑。在给宝宝吃辅食前，妈妈最好先自己尝一下，确保食物没有大的颗粒或残渣。其次，吞咽后再喂下一口。当妈妈给宝宝喂下一口辅食后，要等宝宝吞下后再喂下一口。如果宝宝没有长牙，就要吃些细滑的辅食，等宝宝长牙了，自己会咀嚼食物，就会放慢吃辅食的速度，所以不必过于担心。

Q 餐前可以让宝宝多喝水吗？

A 不可以。因为餐前多喝水会降低胃酸的杀菌能力，使宝宝易受病菌等侵袭。此外，还会冲淡胃液，降低消化能力。短时间大量喝水还会让宝宝胃部扩张，导致胃下垂。过多喝水还会降低宝宝食欲，影响宝宝进食。所以，餐前不要让宝宝多喝水。

Q 可以控制宝宝吃辅食的速度吗？

A 不可以。宝宝吃辅食的速度，并不是由妈妈来决定的。如果宝宝已经很饿或者辅食很好吃，宝宝自然就会吃得比较快或比较急。但是，如果妈妈准备的辅食口感不好、不容易吞咽或者宝宝并不是很饿，可能就会吃得比较慢。如果妈妈不希望宝宝吃得太急，可以比平常喂食的时间提前30分钟喂给宝宝吃。

Q 宝宝喝果汁后大便变硬，还能继续喂果汁吗？

A 能。喂宝宝喝果汁后即使宝宝的大便出现一些小变化，也无须停止喂果汁。不要担心，等宝宝对果汁适应了，大便就会逐渐恢复正常。在众多的水果当中，柑橘类水果的果汁最容易使宝宝的大便变硬。

Q 宝宝大便中有较多原始食物，是不消化吗？

A 不一定。如果宝宝大便中有较多原始食物，说明宝宝消化功能尚未成熟或对某种食物消化不好。消化功能既包括胃肠功能状况，还包括咀嚼能力。当宝宝没有长出乳牙时，存在咀嚼动作，但不会产生咀嚼效果。比如，当宝宝大便中有颗粒状物质，说明对食物消化不好，但不应该停止吃这种食物。父母可以在下次制作这种食物时，将食物切得更碎继续喂给宝宝。

父母要把握好食物颗粒的大小，避免过大，影响宝宝对营养素的吸收。

Q 担心宝宝过敏，辅食就不需要太多的变化吗？

A 不是的。其实，尝试新食物是辅食添加的必然阶段，父母可从低敏的南瓜、红薯、胡萝卜、西蓝花、油麦菜等开始尝试，随着宝宝免疫功能日益完善，过敏反应会逐渐消失。

每个宝宝的过敏原不同，只要是没有吃过的食物，都可能引起过敏，所以新食物的喂食量每次不宜过多。每次只给宝宝尝试 1 勺的量，每次只添加 1 种食物，且随时观察宝宝的排便情况，若无异常，1 周后可以增量或尝试其他食物。

Q 宝宝喝果汁后，当天排出绿色大便怎么办？

A 当宝宝第一次食用一种食物时暂时会排出绿色或黑色的大便，这是生理现象，如果宝宝没有其他异常，就不用担心，适应一段时间后大便就会恢复正常。宝宝的大便变软时，不妨换一种果汁试试。如果宝宝的大便非常稀，就要减少果汁的量，让宝宝慢慢适应。

Q 一定要定期给宝宝检测微量元素吗？

A 不一定。只要宝宝生长发育正常，就没必要检测微量元素。宝宝正常发育主要取决于蛋白质、脂肪、碳水化合物等宏量元素，微量元素只有在宏量元素充足基础上才能发挥应有的作用。所以，对于宝宝发育是否正常，应该把喂养重点放在提供充足的宏量元素和均衡营养上。

如果宝宝发育过快或过慢，应该由儿科医生检测进食状况和发育情况，找出原因，及时调整。

Part 3

分阶段辅食喂养，宝宝成长快

4 个月宝宝，可添加流质型辅食

★ 宝宝的体重、身高长啥样了

4 个月宝宝身体情况

男宝宝	体重正常范围：6.6~8.3 千克 身高正常范围：62.3~66.9 厘米
女宝宝	体重正常范围：6.1~7.7 千克 身高正常范围：61.0~65.4 厘米

注：宝宝的身高体重、数据参考国家卫生健康委员会（原卫计委）于 2009 年公布的《中国 7 岁以下儿童生长发育参照标准》，后同不标。

★ 4 个月宝宝适合吃的食物

食材	喂养方法
大米	大米洗净，煮大米汤喂食
饼干	将饼干用温水泡过，在宝宝 4~6 月时添加
苹果	皮下含有丰富的营养成分，削皮要稍微薄一点，苹果去皮后磨碎，去渣取汁喂食
西瓜	取瓜瓤，用小勺挤压，取汁喂食

★ 进餐教养

• 为了辅食的顺利添加，应调整哺乳的节奏

随着宝宝的逐渐长大，母乳或配方奶的营养会逐渐不能满足生长发育所需，因此会进入添加辅食阶段。宝宝 4 个月后，为了开始添加辅食，就要适当调整哺乳的节奏，可以将哺乳间隔拉长到 3~4 个小时，以方便顺利添加辅食。

• 提前让宝宝接触餐具

由于宝宝出生后只是接触乳头或奶嘴进食，所以宝宝已经习惯了乳头或奶嘴的感觉。如果不能及时让宝宝感知一些日后用的餐具，就很难顺利添加辅食。

4 个月后，妈妈要用汤勺给宝宝喂点米汤或果汁，让宝宝逐渐感知勺子的触碰感。可以用勺子轻轻刺激宝宝的舌部，让宝宝学会咽下汁水。但需要注意，给宝宝喂食不要过急，一口量即可。如果想让宝宝尝试新食物，最好选择空腹时喂给宝宝，这样宝宝容易接受。

重点营养素关注 铁

铁是人体内含量较为丰富的微量元素，是造血的主要原料，对治疗并预防宝宝缺铁性贫血有明显的作用；铁可以保持宝宝健康的肤色，促进宝宝的生长发育，提高宝宝抵抗疾病的能力；为宝宝脑细胞提供营养素和充足的氧气。

• 铁每天的推荐摄入量

0~6 个月宝宝	0.3 毫克
6 个月 ~1 岁宝宝	10 毫克
1~3 岁宝宝	9 毫克

注：以上数据参考《中国居民营养素参考摄入量》（2013版）

• 铁缺乏症状表现

1. 皮肤较干燥，指甲易碎。
2. 毛发无光泽，易脱落，易折断。
3. 疲乏无力，面色苍白。
4. 呼吸困难，伴有便秘。
5. 患有贫血、口角炎、舌炎、舌乳头萎缩。
6. 胃溃疡和胃出血。

• 明星食材推荐（铁含量按照每 100 克可食部分来计算）

大米：5.1 微克	糯米：1.4 毫克	苹果：0.6 毫克	西瓜：0.3 毫克
（4 个月以上宝宝）	（4 个月以上宝宝）	（4 个月以上宝宝）	（4 个月以上宝宝）

注：以上食材是按照适合宝宝月龄食材来推荐的，并非按照铁含量高低。妈妈在选择含铁食材时要根据宝宝的具体情况，如果发现宝宝对某种食材有过敏现象，一定要停止食用。

• 营养加倍的完美搭配

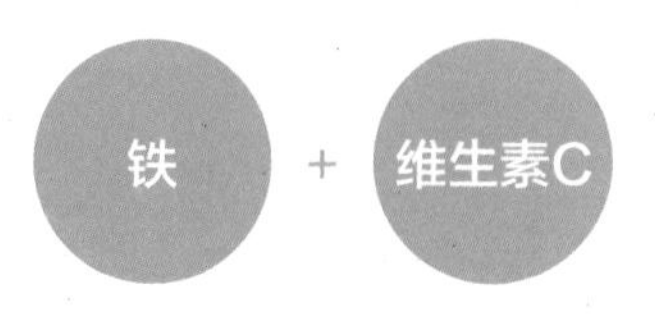

利用食物补铁时，适当吃些富含维生素C的食物，能促进铁元素的吸收，增强补铁的效果。

做辅食时多用铁器能促进铁的吸收？ YES

妈妈给宝宝做辅食时，尽量使用铁锅、铁铲等，这些炊具在烹调时会有微量铁融入辅食中，进而形成可溶性铁盐，被肠道吸收后也能补铁。

★ 营养师给出的喂养指南

• 辅食添加最早开始于4个月之后

宝宝出生后前3个月肠道功能未发育成熟，基本只能消化母乳或配方奶，进食其他食物也容易引起过敏反应。如果因为喂食其他食物引起多次过敏反应，可能会导致消化器官和肠道成熟后对该种食物排斥。所以，添加辅食最早要选择消化功能和肠道功能成熟到一定程度的4个月之后开始。

• 第一次喂辅食的目标是尝试食物的味道

第一次给宝宝添加辅食是让宝宝尝试食物的味道，增加对食物的耐受，预防食物过敏性疾病，以1/4勺为宜。宝宝如果喜欢辅食，第1周可逐渐增加到1勺。如果宝宝不喜欢吃，吃了也会吐出来时，就不要强迫宝宝进食。如果尝试几次也不愿吃辅食，可以把食物涂抹在宝宝唇边，让宝宝尝尝味道即可。如果宝宝还是拒绝吃辅食也不要勉强，几天后再尝试一下。

• 开始先喂流质辅食

给宝宝喂辅食，不仅是为了补充更多的营养，也是为了锻炼宝宝吞咽固体食物的能力。所以，最好不要用奶瓶喂辅食，应试图用勺一口一口地喂。在辅食添加的初期，宝宝的消化功能还没有发育完全，最好给宝宝喂流质辅食。

• 4个月宝宝一日饮食餐单

时间	食物	数量
06：00	母乳或配方奶粉	160毫升
08：00	母乳或配方奶粉	140毫升
12：00	母乳或配方奶粉	140毫升
14：00	母乳或配方奶粉	140毫升
16：30	强化铁米粉	5克
18：00	母乳或配方奶粉	140毫升
20：00	母乳或配方奶粉	140毫升

★ 宝宝营养辅食推荐

大米汤 滋养脾胃

材料：大米 80 克。

营养师这样做

1 大米洗净，加水大火煮开，转为小火慢慢熬成粥。

2 粥好后，放置 4 分钟，用勺子舀去上面不含饭粒的米汤，放温即可喂食。

对宝宝的好处

大米富含淀粉、维生素 B_1、矿物质、蛋白质等，可以作为宝宝母乳或配方奶粉之外的辅食，具有滋养宝宝脾胃的作用。

适合年龄
4 个月以上

挂面汤 补充能量

材料：无盐挂面 40 克。

营养师这样做

1 锅内放水置于火上，烧开。

2 下入挂面煮熟面条，舀汤，放温即可喂食。

对宝宝的好处

挂面汤容易消化吸收，能增强宝宝的免疫力、平衡营养吸收，促进宝宝健康成长。

适合年龄
4 个月以上

大米糊 健脾养胃

材料：大米 20 克。

营养师这样做

1 大米洗净，沥干，用搅拌器将大米磨碎。

2 将磨碎的米和适量的水倒入锅中，用大火煮开后，再调小火充分熬煮，盛出，凉温后即可食用。

对宝宝的好处

大米性平，味甘，具有补中益气、健脾养胃的作用，宝宝常喝大米糊能保护娇嫩的脾胃。

5~6 个月宝宝，可添加吞咽型辅食

★ 宝宝的体重、身高长啥样了

5 个月宝宝身体情况

男宝宝	体重正常范围：7.1~9.0 千克 身高正常范围：64.4~69.1 厘米
女宝宝	体重正常范围：6.5~8.2 千克 身高正常范围：62.9~67.4 厘米

6 个月宝宝身体情况

男宝宝	体重正常范围：7.5~9.8 千克 身高正常范围：66.0~72.3 厘米
女宝宝	体重正常范围：7.0~9.1 千克 身高正常范围：64.5~70.6 厘米

★ 5~6 个月宝宝适合吃的食物

食材	喂养方法	食材	喂养方法
南瓜	可以吃南瓜泥或者淡淡的南瓜粥	小米	可以做成米汤、小米粥等给宝宝食用
红薯	可以做成红薯泥、红薯糊等喂给宝宝	玉米	鲜玉米煮熟，取玉米粒，磨碎后食用
番茄	可以做成番茄汁、番茄泥，或者和其他食物做成粥	菠菜	可以做成菠菜叶汁、菠菜碎、小片的菠菜叶食用
西蓝花	茎部较硬，不易消化，给宝宝最好喂食菜花部分，可将其磨碎后喂食	胡萝卜	去皮，蒸熟，捣碎后食用
香蕉	选择表面有褐色斑点、熟透的香蕉，尖部易含农药，应去除，最开始宜放在米糊中煮熟后喂食	土豆	可以做成土豆泥食用

重点营养素关注 叶酸

叶酸属于水溶性B族维生素的一种，是宝宝细胞生长和造血过程中所必需的营养物质。叶酸最基本的功能是在形成亚铁血红素时，扮演胡萝卜素运送者的角色，能帮助红细胞和细胞内生长素的形成。叶酸还能增进宝宝的食欲和刺激烟酸的生成，烟酸可防止宝宝肠内出现寄生虫。此外，叶酸对宝宝的神经发育也有促进作用。

• 叶酸每天的推荐摄入量

年龄	推荐摄入量
0~6个月宝宝	65微克
6个月~1岁宝宝	100微克
1~3岁宝宝	160微克

• 叶酸缺乏症状表现

1. 发育不良，头发变灰，脸色苍白，身体无力。
2. 心智发展迟缓、健忘、易怒、神经焦虑、嗜睡。
3. 出现贫血、口疮等问题。
4. 出现食欲减退、腹胀、腹泻等消化功能障碍。

• 明星食材推荐（叶酸含量按照每100克可食部分来计算）

西蓝花：120微克	胡萝卜：67微克	燕麦：190微克	猪肝：80微克
（5个月以上宝宝）	（6个月以上宝宝）	（6个月以上宝宝）	（8个月以上宝宝）

• 营养加倍的完美搭配

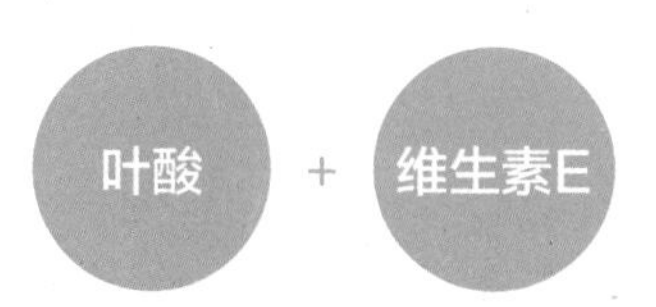

食用富含叶酸的食物时，宜同时吃些富含维生素E的食物，维生素E可以促进叶酸的吸收。

富含叶酸的食物最好现吃现做？YES

高温、暴晒和长时间放置于室温中都会破坏食物中的叶酸，因此，富含叶酸的食物最好现吃现买现做。

营养师给出的喂养指南

5个月宝宝营养需求

5个月的宝宝每天需要的热量为每千克体重376千焦（90千卡）。5个月的宝宝可适量添加辅食，让宝宝养成吃乳类以外食物的习惯，刺激宝宝味觉的发育。

6个月宝宝营养需求

从第6个月起，宝宝的身体需要更多的营养物质，母乳已逐渐不能完全满足宝宝生长的需要，添加辅食变得非常重要。

饿着宝宝不是添加辅食的好方法

刚开始添加辅食，有些宝宝不太爱吃，这时有的妈妈会用“饿着宝宝”的方法来让宝宝在饥饿难耐中选择辅食。实际上，妈妈这样做是不对的，既会影响宝宝对辅食的兴趣，也会影响宝宝的生长发育，使宝宝容易变得烦躁。

含铁的婴儿米粉：宝宝添加辅食的首选

婴儿营养米粉指通过现代工艺，以大米为主要原料，以蔬菜、水果、蛋类、肉类等食物为选择性辅料，并均衡添加了宝宝生长必需的多种营养素，包括足够的蛋白质、脂肪、纤维素、DHA、钙、铁等多种营养元素，混合加工的婴儿辅食。此时宝宝体内储存的铁几乎消耗殆尽，需要及时添加富含铁的食物，所以，含铁的婴儿米粉是首选。

婴儿米粉的科学喂养

米粉最好在白天喂奶前添加，上下午各1次，每次2勺干粉（奶粉罐内的小勺），用温水调和成糊状，喂奶前用小勺喂给宝宝。每次喂完米粉后，立即用母乳或配方奶喂饱宝宝。妈妈们必须记住，每次进食都要让宝宝吃饱，使宝宝的进食规律不会形成少量多餐的习惯。在宝宝吃辅食后，再给宝宝提供奶，直到宝宝不喝为止。当然如果宝宝吃辅食后，不再喝奶，就说明宝宝已经吃饱。宝宝耐受这个量后，可逐渐增加米粉。宝宝大约能够耐受米粉2~3周后，再加上少许菜泥。

添加辅食后，母乳量不少于每日800毫升

虽然给宝宝添加了辅食，但不应该影响母乳或配方奶喂养，且保证每天母乳或配方奶量不少于800毫升。可以用“母乳或配方奶+辅食”作为宝宝的正餐，妈妈可以每天有规律地哺乳5~6次，逐渐增加辅食量，减少哺乳量，并在哺乳前喂辅食，每天喂辅食2次。需要注意的是，妈妈要将谷类、蔬菜、水果、肉类、蛋类等逐渐引入宝宝的膳食中，让宝宝尝试不同口味、不同质地的新食物。

5个月宝宝一日饮食餐单

时间	食物	数量
06：00	母乳或配方奶粉	180毫升
08：00	大米汤	10毫升
10：00	母乳或配方奶粉	140毫升
12：00	挂面汤	10毫升
14：00	母乳或配方奶粉	140毫升
16：30	南瓜汁	10毫升
18：00	母乳或配方奶粉	160毫升
20：00	母乳或配方奶粉	180毫升

6个月宝宝一日饮食餐单

时间	食物	数量
06：00	母乳或配方奶粉	160毫升
08：00	婴儿米粉	10克
10：00	母乳或配方奶粉	140毫升
12：00	鲜玉米糊	10毫升
14：00	母乳或配方奶粉	140毫升
16：30	南瓜米糊	10毫升
18：00	母乳或配方奶粉	160毫升
20：00	母乳或配方奶粉	180毫升

★ 宝宝营养辅食推荐

胡萝卜汁 有利于保护眼睛

适合年龄
6 个月以上

材料：胡萝卜 50 克。

营养师这样做

1 胡萝卜洗净，去皮，取其中心部分备用。
2 将胡萝卜中心部分切片放在碗里，加半碗水，把碗放在笼屉上蒸 10 分钟，将碗内黄色水倒入杯中即可。

对宝宝的好处

胡萝卜富含的胡萝卜素可以转化成维生素 A，宝宝常喝有利于保护眼睛。

适合年龄
6 个月以上

米粉 满足成长所需

材料：25 克婴儿米粉。

营养师这样做

1 将米粉放入碗中。
2 倒入 30~40℃温水，然后搅拌成糊状即可。

对宝宝的好处

婴儿米粉富含蛋白质、脂肪、膳食纤维、DHA、钙、铁等多种营养元素，给宝宝喂食能满足身体成长所需。

适合年龄
6 个月以上

小米汤 促进消化

材料：小米 15 克。

营养师这样做

1 将小米淘洗干净。
2 锅内放水烧沸，放入小米煮成稍稠的粥，凉凉后取米粥上的清液，即可喂给宝宝食用。

对宝宝的好处

小米营养价值丰富，含有易消化吸收的淀粉，宝宝常食能帮助身体吸收营养素，还有开胃的作用。

小白菜汁 促进肠胃蠕动

材料：小白菜 50 克。

营养师这样做

1 小白菜洗净，切段，放入沸水中焯烫至九成熟。

2 将小白菜放入榨汁机中，加饮用水榨汁，榨完后过滤即可。

对宝宝的好处

小白菜富含膳食纤维，能帮助宝宝肠胃蠕动，让宝宝排便更顺畅。

香瓜汁 补充维生素

材料：新鲜香瓜 25 克。

营养师这样做

1 将香瓜洗净，去皮、去子，切块。

2 将香瓜块放入榨汁机中，加温开水搅拌榨汁，倒出来沉淀后滤去渣即可。

对宝宝的好处

香瓜含有丰富的维生素，打成汁给宝宝喝，能更加完整地保存营养成分。

南瓜米糊 **促进消化**

材料：大米 20 克，南瓜 10 克。

营养师这样做

1 大米洗净，浸泡 20 分钟，放入搅拌器中磨碎；将南瓜去子去皮，洗净，放入蒸锅中充分蒸熟，然后放入碗中，捣碎。

2 把磨碎的米和适量水倒入锅中，用大火煮开，放入南瓜肉，转小火煮烂，用过滤网过滤，取汤糊即可。

对宝宝的好处

南瓜富含的果胶能保护胃黏膜健康，富含的膳食纤维还能促进肠胃蠕动，从而促进食物消化。

香蕉米糊 **调整肠胃机能**

材料：香蕉 40 克，婴儿米粉 15 克。

营养师这样做

1 香蕉剥去皮，用小勺刮出香蕉泥。

2 用开水将米粉调开，放入香蕉泥调匀即可。

对宝宝的好处

香蕉内含丰富的果胶，能帮助消化，调整肠胃机能，预防宝宝便秘。

7~8 个月宝宝，可添加细嚼型辅食

宝宝的体重、身高长啥样了

7 个月宝宝身体情况

男宝宝	体重正常范围：7.8~9.8 千克 身高正常范围：67.4~72.3 厘米
女宝宝	体重正常范围：7.3~9.1 千克 身高正常范围：65.9~70.6 厘米

8 个月宝宝身体情况

男宝宝	体重正常范围：8.1~10.1 千克 身高正常范围：68.7~73.7 厘米
女宝宝	体重正常范围：7.6~9.4 千克 身高正常范围：67.2~72.1 厘米

7~8 个月宝宝适合吃的食物

食材	喂养方法	食材	喂养方法
圆白菜	洗净，焯烫一下，打成汁或者做成菜粥都可以	平鱼	隔水蒸熟，去骨捣碎后喂食
油菜	长时间加热会破坏维生素和叶酸，可以用开水把叶子烫熟，然后捣碎，再用筛子筛后食用	黄花鱼	最好用蒸的方法，能减少营养成分的流失，蒸熟后，去骨，捣碎喂食
梨	去皮和核，打成汁或者做成粥都可以，但做粥时要注意颗粒大小	牛肉	洗净，蒸熟做成牛肉泥，还可以切成碎粒和蔬菜、大米一起煮粥，营养加倍
鸡蛋黄	刚开始每日喂食 1/4 个煮熟的蛋黄，压碎后分 2 次混在米粉或菜汤中喂食	鸡肉	洗净，能做成鸡肉汤，和蔬菜、大米做成粥，营养价值更高

重点营养素关注
维生素 D 和钙

维生素 D 是脂溶性维生素，能够保存在宝宝的体内，不用每日补充。它可促进宝宝体内钙和磷的吸收，促进宝宝牙齿的健全和骨骼的发育，防治佝偻病。钙是宝宝牙齿和骨骼正常生长和发育的基石之一，能帮助维持心肌的正常收缩。

• 维生素 D 和钙每天的推荐摄入量

维生素D	
0~3岁宝宝	10微克
钙	
0~6个月宝宝	300毫克
6~12个月宝宝	400毫克
1~3岁宝宝	600毫克

• 维生素 D 和钙缺乏症状表现

1. 容易出现小儿佝偻病，如鸡胸、O形腿、X形腿等。
2. 爱哭闹，易激怒，睡眠不好，多汗。
3. 宝宝会出现颅骨软化，用手指按压枕骨或顶骨中央会内陷，松手后即弹回，头颅容易呈方形。
4. 长牙慢，且牙质不坚固，松动，容易患龋齿

• 维生素 D 和钙的来源

1. 含有维生素D的食物有牛肝、猪肝、鸡肝、鲱鱼、鲑鱼、蛋、奶油等。
2. 富含钙的食物有虾皮、猪肝、豆制品、紫菜、黑芝麻等。

• 营养加倍的完美搭配

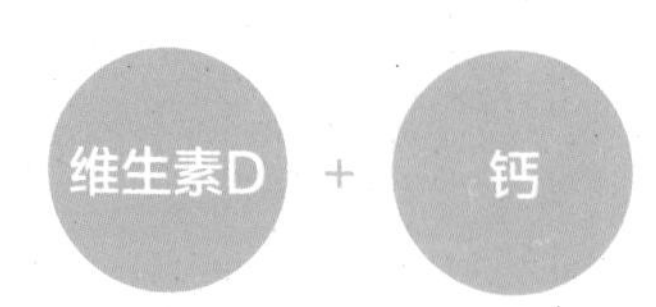

钙是人体里构成骨骼及牙齿的重要成分，而维生素D是调节体内平衡及帮助钙质吸收的营养素。维生素D与钙搭配食用可以更好地留住钙质，强化骨骼，促进宝宝骨骼的健康生长。

每天晒太阳 30 分钟，能满足身体所需的维生素 D 吗？ YES

维生素 D 是唯一能在体内自行合成的维生素，条件就是晒太阳。每天晒太阳 30 分钟，身体就能获得足量的维生素 D。但宝宝的皮肤一般比较娇嫩，所以最好不要在太阳下停留过久，每天以 30 分钟为宜。

营养师给出的喂养指南

7 个月宝宝营养需求

7 个月宝宝的主要营养源还是母乳或配方奶，辅食只是补充部分营养素的不足，需要添加的辅食是以含蛋白质、维生素、矿物质、碳水化合物为主要营养素的食物，包括蛋、肉、蔬菜、水果、米粉等。

8 个月宝宝营养需求

宝宝第 8 个月每日所需的热量与前一个月相当，也是每千克体重 80 卡（1 卡 =4.186 焦）。蛋白质的摄入量仍是每天每千克体重 1.5~3.0 克。脂肪的摄入量比上半年有所减少，上半年脂肪占总热量的 50% 左右（半岁前都是如此），本月开始降到了 40% 左右。

铁的需求量明显增加，宝宝半岁以前的每日需铁量为 0.3 毫克，但半岁以后，每日需要的铁量为 10 毫克。维生素 D 的需要量没什么变化，仍然是每日 10 微克，维生素 A 是每日 350 微克，其他维生素和矿物质的需要量没什么大的变化。

根据宝宝的情况添加辅食

此时宝宝辅食添加的方法，要根据辅食添加的时间、量，宝宝对辅食喜欢程度，母乳的多少，宝宝睡眠等情况灵活掌握。

已经习惯辅食
按照现有的辅食添加习惯继续添加，只要宝宝发育正常，暂时不需要调整什么

一天吃两次辅食，就会减少吃奶量
这时应该减少一次辅食，增加奶的摄入量

吞咽半固体食物有困难
此时要改为流质辅食

吞咽能力较好
可以给宝宝一些磨牙棒等，让宝宝拿着吃，可以增强宝宝进食的兴趣，还能锻炼宝宝用手能力

吃辅食较慢
不要增加辅食的次数，尽快调整辅食喂养方法

半夜哭着要吃奶
这时就要及时给宝宝吃奶，否则会让宝宝成为夜啼郎

• 辅食和奶要安排合理

如果此时宝宝一次能喝200~230毫升的奶，就应该在早、中、晚让宝宝喝3次。然后在上午和下午加2次辅食，再临时调配2次点心、果汁等。

如果宝宝一次只能喝100~120毫升的奶，那一天就要喝5~6次，以给宝宝补充足够的蛋白质和脂肪。

最科学的喂养方法是根据宝宝吃奶和辅食的情况随时调整。两次喂奶间隔和两次辅食间隔都不要短于3小时，奶与辅食间隔不要短于2小时，点心、水果与奶或辅食间隔不要短于1小时。应该是奶、辅食在前，点心、水果在后，就是说吃奶或辅食1小时之后才可以吃水果和点心。

• 辅食的摄入量是因人而异的

宝宝开始每天有规律地吃辅食，每次的量应因人而异，食欲好的宝宝应稍微吃得多一点。因此，不用太依赖规定的量，应调节在每次20~30克，不宜喂过多或过少。

> **妈妈经验分享**
>
> **辅食量可用原味酸牛奶杯来衡量**
>
> 如果妈妈很难把握辅食的量，可以用原味酸奶杯来计量。一般来说，原味酸奶杯的容量为100克，因此要选80克的量时，只取原味酸奶杯的4/5即可。

• 宝宝的食物最好用刀切碎后再喂

现在宝宝可以用舌头把食物先推到上腭，然后再嚼碎吃。所以说，这个阶段最好给宝宝喂食一些带有质感的食物，不用磨碎，但要用刀切碎了再喂。

给宝宝吃的食物软硬度是可以用手捏碎的程度，如豆腐的软度即可。大米也不用完全磨碎，磨碎一点就可以了。

• 每天喂2次，每次喂1/2小碗（7个月宝宝）

宝宝第7个月时每天喂2次辅食，如果宝宝每次吃的量增加且要求再吃时，可以一天喂3次。次数增加后宝宝如果不习惯的话，可以再调回每天吃2次，这样慢慢调整好适合宝宝的次数和量。每个宝宝每次吃的量会有较大的差距，要根据宝宝的情况调整好量。

每天给宝宝喂2次辅食的时间，应挑上午宝宝状态好时和下午妈妈吃饭的时间。

• 每天喂3次，每次喂25克（8个月宝宝）

8个月开始，宝宝一天可以喂3次辅食，每次的量可以增加到25克。增加辅食量最好在晚上，因为此时和中午辅食间隔时间较长，容易感到饿，加量是没有太大问题的。

添加辅食要时刻关注宝宝的大便

对于宝宝来说，辅食添加越来越多，那么如何掌握辅食的量和种类情况呢？最直接的方法是观察宝宝的大便情况。

正常大便

母乳喂养的宝宝：大便呈金黄色且较稀软

人工喂养的宝宝：大便呈浅黄色且发干

非正常大便

大便臭味很重：蛋白质消化不好

大便中存在大量奶瓣：脂肪和钙消化不完全

大便不成形、松散：辅食是否吃多了或者辅食不够软烂，影响了消化吸收

大便呈深绿色黏液状：多发生在人工喂养的宝宝身上，主要是吃奶不够，处于饥饿状态，需要增加喂奶量

大便次数增加、稀薄如水：可能吃了不卫生的辅食，患了肠道疾病，应及时就医

超体重儿是否需要加速添加辅食的进程

很多人认为超体重儿应该加速添加辅食的进程，这是不科学的。虽然表面上宝宝身体发育较快，但不能说明消化系统发育也快。因为相同月龄的宝宝，消化系统发育是相同的，因此不能突然增加辅食量或者跳过某一个辅食添加阶段。如果宝宝一直想吃，一次也不能喂太多，应分开喂食。

开始每天喂一次零食了

到第 8 个月，宝宝开始学会爬行，扶着某一东西站立，活动量会增加很多，因此应增加辅食来补充热量的需求。但一次消化大量的食物，对宝宝来说是个负担，增加次数才是要领。

因此，这一时期除辅食外，还应一天喂 1~2 次零食来补充热量和营养。煮熟或蒸熟的天然材料是适合宝宝的最佳零食。饼干或饮料之类的食物热量和含糖量过高，不宜过多食用。

喂零食也有原则可依

给宝宝喂养零食应定时，最好选在吃辅食间隔较长的中午或晚上喂食。如下午 3 点是宝宝最饥饿的时候，吃点零食，不会影响下一顿的辅食喂养。

不爱吃新食物，妈妈要有耐心

家长喂宝宝吃新食物时，要有耐心，多尝试几次，不要强迫宝宝接受。如果这次不接受，那就过两天接着试，或者换个花样再试。如果有些食物你觉得特别健康，但是宝宝就是不接受的话，不妨换个营养接近的替代品。同样是补铁，宝宝不喜欢吃肝泥，不妨试试肉泥，也能达到补铁的效果。

宝宝吃辅食应坚持少量多餐，谨防肥胖

在饮食方面，爸爸妈妈不要像填鸭那样不停地让宝宝吃东西。一般来说，3 个月以前每千克体重需 120~160 毫升的奶量，4~7 个月维持原来的奶量外，还可以给宝宝增加米糊、麦糊或果汁等辅食，每天的量大约为 2 小勺。在宝宝进食的过程中，爸爸妈妈要多观察，感觉宝宝吃饱了，就不要再给宝宝喂食了。

7 个月宝宝一日饮食餐单

时间	食物	数量
06：00	母乳或配方奶粉	160 毫升
08：00	南瓜泥	80 克
12：00	母乳或配方奶粉	120 毫升
15：00	红薯泥	80 克
18：00	母乳或配方奶粉	140 毫升
20：00	母乳或配方奶粉	140 毫升
24：00	母乳或配方奶粉	160 毫升

8 个月宝宝一日饮食餐单

时间	食物	数量
06：00	母乳或配方奶粉	160 毫升
08：00	芋头玉米泥	100 克
12：00	母乳或配方奶粉	140 毫升
15：00	菠菜蛋黄泥	100 克
18：00	母乳或配方奶粉	140 毫升
20：00	母乳或配方奶粉	160 毫升
24：00	母乳或配方奶粉	180 毫升

★ 宝宝营养辅食推荐

土豆西蓝花泥 增强免疫力

材料：土豆 30 克，西蓝花 50 克。

营养师这样做

1 土豆洗净，去皮，切块，蒸熟；西蓝花洗净，取嫩的骨朵沸水焯一下。
2 土豆块压成泥；西蓝花朵切成末。
3 将土豆泥和西蓝花末混合成球状即可。

对宝宝的好处

西蓝花中维生素 C 含量极高，不但有利于宝宝身体生长发育，还能提高机体的免疫功能。土豆含有丰富的淀粉，两者搭配食用能增强宝宝免疫力。

适合年龄
7 个月以上

红薯泥 宽肠胃、防便秘

材料：红薯 30 克。

营养师这样做

1 红薯洗净，去皮。
2 将红薯放入蒸锅中蒸熟，用汤匙压成泥即可。

对宝宝的好处

红薯富含膳食纤维和 B 族维生素，能帮助宝宝摄取到均衡的营养。

适合年龄
7 个月以上

南瓜泥 加速肠道蠕动

材料：南瓜 50 克。

营养师这样做

1 南瓜去皮、去子和瓤，切块，上锅蒸熟。
2 用勺子把南瓜块压成泥即可。

对宝宝的好处

南瓜富含丰富的膳食纤维，且容易消化，宝宝常食可以促进肠道蠕动，预防便秘。

菠菜鸡肝泥 补血、明目

材料：菠菜 15 克，鸡肝 30 克。

营养师这样做

1 鸡肝清洗干净，去膜，去筋，剁碎成泥状；菠菜洗净后，放入沸水中焯烫至八成熟，捞出，凉凉，切碎，剁成茸状。

2 将鸡肝泥和菠菜茸混合搅拌均匀，放入蒸锅中大火蒸 5 分钟即可。

对宝宝的好处

鸡肝中含铁质较多，宝宝多食能补血，还含维生素 A，可以使宝宝的眼睛明亮。

适合年龄
8 个月以上

适合年龄
8 个月以上

牛肉土豆泥 促进身体发育

材料：牛肉 20 克，番茄 10 克，土豆 50 克。

营养师这样做

1 土豆洗净，去皮，切小块；番茄洗净，去皮，切小块；牛肉洗净，切成肉末。

2 将土豆块、番茄块、牛肉末分别蒸熟，然后将土豆块、番茄捣碎。

3 将土豆碎、番茄碎和牛肉末一起拌匀，调成泥即可。

对宝宝的好处

牛肉是强壮宝宝身体的优良食材，土豆富含碳水化合物，番茄含有维生素，三者搭配食用，能够促进宝宝身体的健康发育。

适合年龄
8 个月以上

鸡汁土豆泥 宽肠通便

材料：土豆 50 克，鸡汤适量。

营养师这样做

1 土豆洗净，去皮，切块，上锅蒸熟，捣成泥。

2 将鸡汤放入锅中煮开，倒入土豆泥拌匀即可。

对宝宝的好处

土豆富含膳食纤维，有宽肠通便的作用，能预防宝宝便秘。

9~10 个月宝宝，可添加细嚼型辅食

宝宝的体重、身高长啥样了

9 个月宝宝身体情况

男宝宝	体重正常范围：8.4~10.4 千克 身高正常范围：70.1~75.2 厘米
女宝宝	体重正常范围：7.8~9.7 千克 身高正常范围：68.5~73.6 厘米

10 个月宝宝身体情况

男宝宝	体重正常范围：8.6~10.7 千克 身高正常范围：71.4~76.6 厘米
女宝宝	体重正常范围：8.0~10.0 千克 身高正常范围：69.8~75.0 厘米

9~10 个月宝宝适合吃的食物

食材	喂养方法	食材	喂养方法
糙米	提前浸泡 2~3 个小时，用搅拌机搅碎，煮成粥食用	红豆	用凉水浸泡一晚，煮熟后去皮，然后磨碎制成红豆沙食用，也可以喂宝宝煮红豆的汤
洋葱	切碎后浸泡 10 分钟，能减轻其中的辣味，蒸熟后喂食	绿豆	用凉水浸泡一晚，煮熟后用筛子去皮，然后磨碎放入粥中食用，也可以用煮绿豆的汤喂给宝宝
豆腐	捣碎后和蔬菜搅拌蒸熟后喂给宝宝，营养更均衡	香菇	将香菇煮熟捣烂成泥或切成小小的丁，可选择蒸、焖、炖等方法烹饪
红枣	泡水，煮熟，去皮、去核，捣碎后再喂	黑芝麻	洗净，放入煎锅中煎熟，捣碎，放冷冻室保存，食用时撒点在粥中即可

重点营养素关注
维生素 A

维生素 A 是一种脂溶性维生素，可以在人体内储藏，主要储藏在肝脏中，少量储藏在脂肪组织中。维生素 A 能促进宝宝骨骼和牙齿发育，有助于血液形成，还能维护宝宝神经系统的健康，使其不易受刺激。维生素 A 另外一个广为人知的作用是帮助缓解宝宝的眼部不适，并对弱视和夜盲症有一定的疗效。

• 维生素 A 每天的推荐摄入量

0~6个月宝宝	300微克
6个月~1岁宝宝	350微克
1~3岁宝宝	310微克

• 缺乏维生素 A 的表现

1. 眼睛会干涩，容易患上影响视力的眼部疾病，严重的会患上夜盲症。
2. 宝宝的皮肤会粗糙，甚至出现角质化。

• 明星食材推荐（维生素 A 含量按照每 100 克可食部分来计算）

胡萝卜：688 微克	西蓝花：1202 微克	猪肝：4972 微克	鸡蛋：234 微克
（6 个月以上宝宝）	（6 个月以上宝宝）	（8 个月以上宝宝）	（8 个月以上宝宝）

• 营养加倍的完美搭配

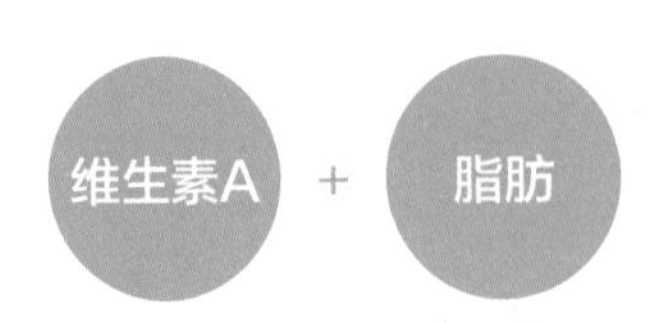

维生素A是脂溶性维生素，给宝宝补充维生素A时，可以适当增加一些脂肪的摄入，以促进维生素A的吸收。

服用维生素 A 后可以参加剧烈运动吗?

NO

在食用含维生素 A 或胡萝卜素的食物后 4 小时内，不要让宝宝做剧烈运动，也不能补充矿物油和过量的铁，否则会影响宝宝对维生素 A 的吸收。

重点营养素关注 维生素 B_2

维生素 B_2 又叫核黄素，是一种非常容易吸收的水溶性维生素，不能储存在体内，必须通过食物或补充剂定期补充。维生素 B_2 能帮助促进宝宝的生长发育，保持皮肤、毛发和指甲的健康。同时有助于缓解宝宝口腔、嘴唇和舌头的疼痛和眼睛疲劳。

维生素 B_2 每天的推荐摄入量

0~6个月宝宝	0.4毫克
6个月~1岁宝宝	0.5毫克
1~3岁宝宝	0.6毫克

维生素 B_2 缺乏症状表现

1. 眼睑内部会有磨砂感，眼睛疲劳，缺乏活力，神情呆滞，爱昏睡。
2. 宝宝会出现发育不良。

明星食材推荐（维生素 B_2 含量按照每 100 克可食部分来计算）

菠菜：0.11 毫克	猪肝：2.08 毫克	牛肉：0.14 毫克	核桃：0.14 毫克
（6 个月以上宝宝）	（8 个月以上宝宝）	（8 个月以上宝宝）	（11 个月以上宝宝）

营养加倍的完美搭配

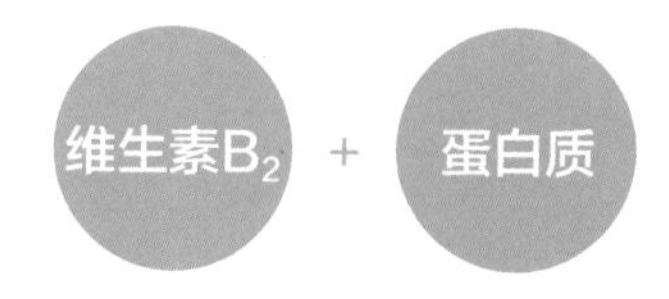

有利于维生素B_2在体内的存留，防止其通过尿液的排出而很快流失。

维生素 B_2 必须天天补吗？YES

维生素 B_2 溶于水，人体摄入的维生素 B_2 很快会被排出体外，并且维生素 B_2 性质不稳定，容易在光照下或者高温状态下分解，因此人体每天都要从饮食中补充维生素 B_2。

★营养师给出的喂养指南

● 9 个月宝宝营养需求

9 个月的宝宝既要注意添加促进宝宝身体组织生长的蛋白质食物，还要添加提供宝宝每天活动与生长所需热量的碳水化合物，如面粉类食物。

● 10 个月宝宝营养需求

10 个月的宝宝可以进食丰富的食物，以利于其摄入各种营养素。添加辅食时，要给宝宝补充充足的 B 族维生素、维生素 C、蛋白质、钙和矿物质。

● 适合吃香蕉硬度的食物

这个时期宝宝虽然长出不少牙齿，但咀嚼吞食还是有点困难。这一时期适宜的辅食硬度是用牙床咀嚼的硬度，或能用手指压碎的香蕉硬度的食物。该时期要避免坚硬的辅食和零食，宝宝不咀嚼直接吞咽有引起窒息的危险，要特别注意。

● 每天喂 3 次，每次喂 120 克

根据这个时期宝宝的热量需要，可以再增加一顿辅食，每天保证吃 3 次辅食，每次以 120 克为宜。此外，每天应喂 2~3 次奶，每次 120~200 毫升。期间可以给宝宝添加水果、面包片等小点心。如果不喜欢喝奶，可以增加肉、蛋等辅食以补充足够的蛋白质。如果不喜欢吃辅食，那就要适当增加喝奶量，但是每天喝奶不能超过 1000 毫升。

● 给宝宝吃的食物要热透

给宝宝吃的食物要新鲜、卫生，不要为图方便给宝宝吃隔夜食物，如果一定要吃，必须把食物热透后再吃，剩下的一律扔掉。存放食物时，不要等食物彻底冷却后再放入冰箱，而应马上盖好食物放到冷藏室或冷冻室里，这样可以缩短细菌繁殖的时间。

● 加工类食品不适合做辅食

妈妈们在制作辅食的时候，不要给宝宝添加罐头及肉干、肉松、香肠等加工类肉食，这些食物在制作过程中营养成分已流失许多，远没有新鲜食物营养价值高，并且在制作过程中还要加入防腐剂、色素等添加剂，这些物质会对宝宝的健康造成不利影响。由于宝宝的身体还没有发育完全，食用这些食物会增加肝脏的负担，不利于宝宝的身体健康。

尝试接近稀饭黏稠度的粥

这个时候可以给宝宝喂食黏稠度达到倾斜勺子也不会滴落的粥，就是用大米和水以 1：3 的比例做成的 3 倍粥，接近成人稀饭黏稠度的粥。需要注意的是，大人吃的大米饭不适合喂宝宝。

吃得太多也不好

宝宝超重和营养不良一样都是不正常的，必须纠正。如果宝宝每天体重增长速度超过 20 克，就应该引起注意。不过不能用节食的方法给宝宝减肥，正确的做法是调整宝宝的饮食结构，少吃米面等主食以及高热量、高蛋白、高糖食物。每天喝奶不要超过 1000 毫升，同时增加宝宝的活动量。

宝宝辅食制作应回避的食物

爸爸妈妈在为宝宝准备辅食时，一般应回避以下几种食物：

蔬菜类：牛蒡、腌菜等不易消化的食物。

香辣味调料：芥末、胡椒粉、姜、大蒜和咖喱粉等辛辣调味料。

某些鱼类和贝类：如乌贼、章鱼、鲍鱼以及用调料煮的鱼贝类小菜、干鱿鱼等。

此外，巧克力糖、奶油软点心、软黏糖类、人工着色的食物、粉末状果汁等也不宜多食。

这个月龄的宝宝活动量比较大，吃得多或少，都不一定是好事或坏事，最重要的是养成良好的饮食习惯。

宝宝每天的辅食量不均匀，也不要担心

这一时期的宝宝开始有了独立意识了，能按照自己的意愿来行动。他不想吃的时候就不吃，想吃的时候就吃，因此食量时多时少。如果宝宝吃得过少，妈妈就应考虑是否要减少母乳或配方奶的量。但从发育特征上看，这一时期的宝宝愿意活动身体，对周围的事物感到好奇，如果宝宝各方面行动正常，就不用担心。不能只从一天的量来判断宝宝吃多了还是吃少了，应该每隔一周观察一次，如果一周的平均量比以前没有减少太多，就可以适当减少母乳或配方奶的量。

妈妈经验分享

食欲好的宝宝突然不愿意吃饭，应及时查找原因

平时食欲好的宝宝突然不愿意吃辅食，可能是吃饱了，应确认一下一整天吃过的食物，可能是吃了零食或者奶粉、母乳量比以前多了，因此不愿意再吃。如果吃的量和以前差不多，但是突然不愿意吃了，应尝试换下辅食的材料或者烹饪方法。如果这样仍不愿意吃，那就应该看看宝宝健康状态好不好了。

宝宝食量小≠营养不良

我们建议宝宝每天要吃 3 顿辅食，每次吃 120 克左右，而且要保证每天不低于 600 毫升的奶。但每个宝宝的食量都不一样，有的宝宝食量比较小，可能每次只吃一点辅食，奶量也不大，很多家长会因此担心宝宝营养不良。其实，如果宝宝各方面都发育正常，而且精力十足，那就是正常的，不必过于担心。

9 个月宝宝一日饮食餐单

时间	食物	数量
06：00	母乳或配方奶粉	160 毫升
10：00	豆腐粥	120 克
12：00	母乳或配方奶粉	120 毫升
15：00	三角面片	120 克
18：00	母乳或配方奶粉	140 毫升
20：00	小米山药粥	120 克
24：00	母乳或配方奶粉	160 毫升

10 个月宝宝一日饮食餐单

时间	食物	数量
06：00	母乳或配方奶粉	160 毫升
10：00	燕麦南瓜粥	120 克
12：00	母乳或配方奶粉	120 毫升
15：00	菠菜肝泥	120 克
18：00	母乳或配方奶粉	140 毫升
20：00	油菜土豆粥	120 克
24：00	母乳或配方奶粉	160 毫升

宝宝营养辅食推荐

三角面片 利小便、除肺燥

材料： 小馄饨皮20克，青菜10克。

营养师这样做

1. 小馄饨皮沿对角线切两刀，成小三角状；青菜洗净，切碎末。
2. 锅中放水煮开，放入三角面片，煮开后放入青菜碎，煮至沸腾即可。

对宝宝的好处

三角面片汤口味清淡、口感软嫩，有助于宝宝消化吸收，同时还具有利小便、除肺燥的作用。

适合年龄 9个月以上

适合年龄 9个月以上

小米山药粥 健脾胃

材料： 山药100克，小米20克，大米20克。

营养师这样做

1. 山药去皮，洗净，切小丁；小米和大米分别洗净。
2. 锅置火上，倒入适量清水烧开，下入小米和大米，大火烧开后转小火煮至米粒八成熟，放入山药丁煮至粥熟即可。

对宝宝的好处

小米有健脾养胃的作用，山药中所含的淀粉酶能促进胃液分泌，促进肠胃蠕动，促进食物的消化。

适合年龄 9个月以上

豆腐粥 促进牙齿发育

材料： 豆腐20克，大米40克，青菜8克。

营养师这样做

1. 大米洗净，放入锅中煮沸，转小火煮烂。
2. 用勺子将洗净的豆腐捣碎，加入粥中。
3. 将青菜洗净，剁碎放入锅中，煮沸后关火即可。

对宝宝的好处

豆腐富含优质蛋白质和钙，能够促进宝宝牙齿的发育。

燕麦南瓜粥 健胃、明目

材料： 南瓜 40 克，燕麦片 30 克，大米 20 克。

营养师这样做

1 南瓜洗净，削皮，去瓤和子，切成小块；大米洗净。
2 锅置火上，将大米放入锅中，加适量水，大火煮沸后换小火煮 20 分钟。
3 然后放入南瓜块，小火煮 10 分钟，再加入燕麦片，继续用小火煮 10 分钟即可。

对宝宝的好处

燕麦富含膳食纤维，能促进肠胃蠕动，加速食物消化，胡萝卜能明目护眼，搭配食用，能健胃消食、明目。

油菜土豆粥 缓解习惯性便秘

材料： 大米 25 克，土豆、油菜各 10 克，洋葱 5 克。

调料： 海带汤 80 毫升。

营养师这样做

1 大米洗净；土豆和洋葱去皮，洗净，切碎。
2 油菜洗净，用开水烫一下，捣碎菜叶部分。
3 将大米和海带汤放入锅中用大火煮开，转小火煮熟，再放土豆碎、洋葱碎、油菜叶末煮熟即可。

11~12 个月宝宝，可添加咀嚼型辅食

★ 宝宝的体重、身高长啥样了

11 个月宝宝身体情况

男宝宝	体重正常范围：8.8~11.0 千克 身高正常范围：72.7~78.0 厘米
女宝宝	体重正常范围：8.3~10.2 千克 身高正常范围：71.1~76.4 厘米

12 个月宝宝身体情况

男宝宝	体重正常范围：9.0~11.2 千克 身高正常范围：73.8~79.3 厘米
女宝宝	体重正常范围：8.5~10.5 千克 身高正常范围：72.3~77.7 厘米

★ 11~12 个月宝宝适合吃的食物

食材	喂养方法	食材	喂养方法
香菇	可切碎给宝宝煮粥喂食	猪肉	猪肉剁成肉馅最易于宝宝消化吸收，适宜用蒸、煮、焖、煲的烹调方法做给宝宝吃
海带末	在煮海带时加少许食用碱或小苏打，使海带软烂，炖汤喂给宝宝喝	哈密瓜	最好挑选纹理鲜明而浓密的，摁压下面部位时柔软的，根部无干燥的，可以将其去皮和子后捣碎放粥中喂食
牡蛎	牡蛎肉用盐水冲洗干净，沥去水分，切碎，放粥中煮熟	甜椒	蒸熟或用水煮熟之后切碎、捣成泥状，可直接给宝宝喂食或搭配番茄等食材做成果蔬汁给宝宝饮用
虾肉	先喂虾汤，若没有异常反应可开始喂少量去皮的虾肉	核桃仁	把核桃打磨成粉状，添加到粥或配方奶中，做成核桃粥、核桃奶来给宝宝食用

重点营养素关注
碘

碘是人体必需的营养素，能维持宝宝的智力发育。但食物中的碘摄取过多容易引起甲状腺过度活跃。碘能促进宝宝的生长发育，提高宝宝的学习能力；还能帮助头发、指甲、牙齿和皮肤的健康发育；碘能帮助宝宝产生更多的能量，让精力更加充沛。碘参与甲状腺素的合成，甲状腺素能刺激细胞中的氧化过程，对身体代谢产生影响。

• 碘每天的推荐摄入量

0~6 个月宝宝	85 微克
6 个月 ~1 岁宝宝	115 微克
1~3 岁宝宝	90 微克

• 缺乏碘的表现

1. 出现甲状腺肿大和甲状腺功能减退。
2. 身体和心智发育会出现障碍，可能导致痴呆症。
3. 头发会干燥。
4. 容易出现肥胖、代谢迟缓等。

• 明星食材推荐（碘含量按照每 100 克可食部分来计算）

番茄：2.5 毫克	干紫菜：1.8 毫克	干海带：24 毫克
（5 个月以上宝宝）	（6 个月以上宝宝）	（11 个月以上宝宝）

• 营养加倍的完美搭配

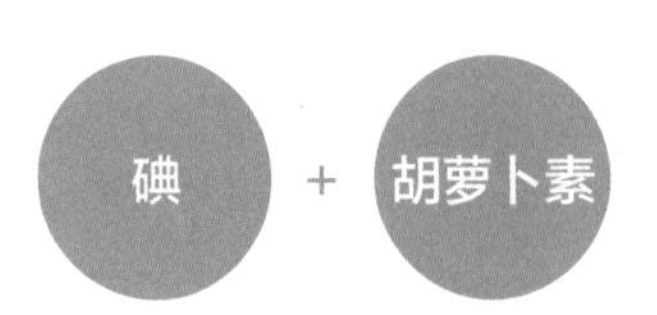

碘适合和胡萝卜素搭配食用。当碘维持着甲状腺素的正常分泌，人体内的胡萝卜素转化为维生素A，核糖体合成蛋白质时，肠内糖类的吸收等作用才能顺利进行。

宝宝可以自行补充碘制剂吗？ NO

宝宝补碘首选食补，如果确实需要碘制剂，须在医生指导下补充。补碘过量容易导致高碘性甲状腺肿。

重点营养素关注 硒

硒是人体必需的一种微量元素，对宝宝的智力发育起着重要的作用。硒是一种很好的抗氧化剂，与谷胱甘肽合作能消除人体内的自由基，防止过氧化物的生成和累积。硒能与有毒金属或其他致癌物质结合，使其排出体外，起到解毒的作用。硒还能解除过氧化油脂的毒性，使过氧化油脂无法帮助恶性肿瘤生长。

硒每天的推荐摄入量

0~6 个月宝宝	15 微克
6 个月 ~1 岁宝宝	20 微克
1~3 岁宝宝	25 微克

缺乏硒的表现

1. 会出现视力减退。
2. 严重的会导致精神出现异常，如发育迟滞等。
3. 容易出现营养不良。

明星食材推荐（硒含量按照每 100 克可食部分来计算）

香菇：2.58 微克	猪肉：11.97 微克	羊肉：32.2 微克
（11 个月以上宝宝）	（12 个月以上宝宝）	（12 个月以上宝宝）

营养加倍的完美搭配

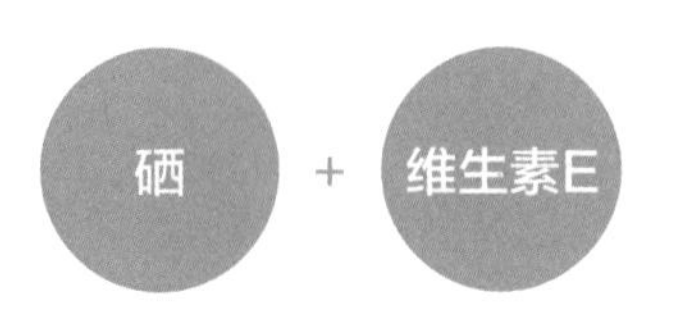

硒和维生素E搭配食用，能促进硒的吸收，从而提高宝宝的免疫力。

宝宝能过多摄入硒吗？ NO

如果宝宝体内硒过多的话，就要多吃些如牛奶、大豆、蛋、鱼等富含蛋白质和维生素的食物，能促使硒排出体外，降低硒的毒性。

营养师给出的喂养指南

11 个月宝宝营养需求

11 个月的宝宝处于婴儿期最后两个月，是身体生长较为迅速的时期，需要更多的碳水化合物、蛋白质和脂肪。

12 个月宝宝营养需求

12 个月的宝宝母乳摄入量减少了，食物结构有较大的变化，这时食物营养应该更全面和充分，每天的膳食应含有碳水化合物、蛋白质、脂肪、维生素、矿物质和水等营养素，应避免食物种类单一，注意营养均衡。

鼓励宝宝自己吃东西

宝宝的小手越来越灵活了，可以开始锻炼宝宝自己拿勺子吃饭。给宝宝准备一套专用餐具，爸爸妈妈先给宝宝示范怎样用勺子吃饭，让宝宝进行模仿。此时，宝宝还不会自如地使用勺子，也可能不会准确地把勺子放到嘴里面，有的可能把勺子扔掉直接用手吃。不管是哪种情况，都要鼓励宝宝自己练习吃饭，慢慢培养宝宝独自进餐的好习惯。

宝宝吃饭逐渐向一日三餐过渡

宝宝如果已经适应了按时吃饭，那么现在是正式进入一日三餐按点吃饭的时期。宝宝从这时起，就要把辅食作为主食，宝宝可从中得到更多的营养，每次的量也增多，并且每次要吃两种以上的食物。

不要小瞧宝宝吃的潜力

有些家长总认为宝宝还小，吃主食都要做到软烂，吃蔬菜、肉都要剁得很碎，吃水果都要刮成水果泥。吃点固体食物，就怕宝宝会噎着。喝水也要慢慢喂，怕宝宝呛到。其实没必要这样做，如果总不给宝宝吃固体食物，宝宝的吞咽和咀嚼能力就不会得到发展。

一日三餐要有不同的食物

宝宝的一日三餐应是各种不同的食谱，这能增加每天的摄取量，也能充分摄取所需的各种营养成分。妈妈可以一次做好各种食物，保存在冷冻室或冷藏室，需要时拿出来喂。辅食的食材不要一次性处理好保存，因为即使在 -20℃，解脂酶仍有活性。要现买现用。

宝宝的饮食呈现个性化

有的宝宝能吃一儿童碗的饭。

有的宝宝只能吃半儿童碗的饭。

有的宝宝就能吃几勺饭。

有的宝宝很爱吃肉。

有的宝宝爱吃鱼。

有的宝宝喜欢喝奶。

有的宝宝不再爱吃半流食，而只爱吃固体食物。

有的宝宝吃水果还是要妈妈用勺刮着吃或捣碎了吃，但水果需要榨成果汁才能吃的宝宝几乎没有了。

这些都是宝宝的正常表现，父母要尊重宝宝的个性，不能强迫宝宝进食。

宝宝辅食尽量做得细软

此时宝宝基本上可以和大人吃一样的食物，但食物要做得碎而软一些，以便于宝宝消化。宝宝每日的膳食中应含有蛋白质、碳水化合物、脂肪、维生素、矿物质和水等营养素，应避免食物种类单一，注意营养均衡。这时的宝宝可以吃的主食有软米饭、粥、面条、面包、花卷、饺子、包子等；副食有各种应季蔬菜、蛋、鱼、肉、鸡、豆制品、海带、紫菜等。除三餐外，早晚要各吃一次配方奶，每日保证总奶量为 400~600 毫升。

宝宝辅食中固体食物要占 50%

宝宝到 1 岁左右时，辅食中固体食物要占到辅食的 50%，这样对宝宝咀嚼能力有一定的锻炼，咀嚼能使牙龈结实，促进牙齿萌出，还能缓解出牙时的不适。

根据宝宝体质选择合适的水果

宝宝体质	宜选择水果	不宜选择水果
偏热体质	凉性水果：梨、香蕉、猕猴桃、西瓜等	橘子、山楂、大枣等
虚寒体质	温热水果：樱桃、荔枝、桂圆、石榴、桃等	哈密瓜、西瓜、柚子、猕猴桃等

偏食的宝宝注意补充营养

虽然我们提倡宝宝不偏食，但实际上偏食的情况很常见。为了保证偏食宝宝的营养，在矫正宝宝偏食的同时，要注意补充相应营养。

不爱喝奶的宝宝，要多吃肉蛋类，以补充蛋白质。

不爱吃蔬菜的宝宝，要多吃水果，以补充维生素。

不爱吃主食的宝宝，要多喝低糖奶以提供更多热量。

便秘的宝宝要多吃富含膳食纤维的蔬菜和水果。

11 个月宝宝一日饮食餐单

时间	食物	数量
06：00	母乳或配方奶粉	200 毫升
08：00	海带豆腐粥	140 克
10：00	母乳或配方奶粉	180 毫升
12：00	香菇蒸蛋	140 克
18：00	肉末面条	140 克
20：00	母乳或配方奶粉	220 毫升

12 个月宝宝一日饮食餐单

时间	食物	数量
06：00	母乳或配方奶粉	200 毫升
08：00	鸭肝粥	140 克
10：00	母乳或配方奶粉	180 毫升
12：00	南瓜煎饼	140 克
18：00	香菇胡萝卜面	140 克
20：00	母乳或配方奶粉	220 毫升

宝宝营养辅食推荐

海带豆腐粥 补钙补磷，益肾固齿

材料： 大米30克，海带30克，豆腐20克。

调料： 葱末适量。

营养师这样做

1 海带用温水发软，先切丝，再切成小段；豆腐洗净，切小块。

2 大米洗净，入锅内加水适量，与海带段、豆腐块共同煮粥，待煮熟时撒上葱末即可。

对宝宝的好处

海带、豆腐都富含钙和磷，搭配食用，补钙补磷功效加倍。

适合年龄
11个月以上

南瓜菠菜面 促进生长发育

材料： 南瓜40克，菠菜20克，细面条30克，鸡蛋1个。

调料： 高汤适量。

营养师这样做

1 南瓜洗净、切薄片；菠菜洗净，放入沸水中焯烫，捞出后切碎；鸡蛋磕入碗中，打散；细面条切小段。

2 锅内放高汤煮沸，放入南瓜片煮至七分熟时，放入面条段、鸡蛋液煮沸，再放入菠菜碎，至所有食材熟透即可。

对宝宝的好处

南瓜所含的果胶有杀菌、止痢的功效，菠菜富含叶酸，能促进红细胞再生，搭配食用，能促进宝宝健康成长。

适合年龄
1岁及以上

肉末面条 补充能量，调节免疫力

材料： 面粉150克，瘦肉末8克，菠菜、胡萝卜各5克。

调料： 高汤适量。

营养师这样做

1 面粉加水和成面团，擀成薄片，再切成细条，最后切成2厘米长的小段。

2 菠菜洗净，入沸水中焯烫，捞出，切小段；胡萝卜洗净，切小丁。

3 锅中放入高汤烧开后，放入胡萝卜丁大火煮至八分熟，再放入面条段和瘦肉末煮沸，放入菠菜段，再小火煮至所有食材熟透即可。

黄花菜瘦肉粥 提高抵抗力

材料：大米、猪瘦肉各 50 克，黄花菜 10 克。

营养师这样做

1 大米洗净，捞出，沥干；猪瘦肉洗净，切小丁；黄花菜洗净，切小段。

2 锅内加水，放入大米煮至稍滚，加入猪肉丁、黄花菜段煮沸，用小火慢慢熬煮，待粥稠即可。

对宝宝的好处

黄花菜含有极为丰富的胡萝卜素、维生素 C、钙、氨基酸等，能够保护宝宝的视力，提高宝宝抵抗力，还有消食、安眠的作用。

适合年龄
1 岁及以上

荸荠南瓜粥 清热去火、生津润燥

材料：南瓜 30 克，荸荠、小米、香米各 20 克。

营养师这样做

1 小米和香米洗净，放入锅中煮开；荸荠、南瓜分别洗净，去皮，切薄片。

2 小米和香米煮 15 分钟后，倒入荸荠片继续煮 10 分钟，再放入南瓜片煮熟即可。

对宝宝的好处

荸荠被称为“地下雪梨”，有清热去火、开胃消食的作用，对于宝宝咽干咽痛、消化不良有绝佳的效果。与其他材料共煮成粥，还有生津润燥的作用。

适合年龄
1 岁及以上

苹果胡萝卜小米粥 提高智力

材料：苹果 50 克，小米 30 克，胡萝卜 20 克。

营养师这样做

1 苹果洗净，去皮和子，切小丁；胡萝卜洗净，切小丁；小米洗净。

2 锅中加水，烧开，倒入小米煮开，加入苹果丁和胡萝卜丁，继续煮熟即可。

对宝宝的好处

苹果富含胡萝卜素、维生素 C、维生素 E、钾、果糖、果胶等多种营养成分，对宝宝生长发育、智力提高和免疫功能的完善有很好的作用。

1~1.5 岁宝宝，可添加软烂型辅食

★ 宝宝的体重、身高长啥样了

1~1.5 岁宝宝身体情况

男宝宝	体重正常范围：9.2~12.6 千克 身高正常范围：74.9~85.8 厘米
女宝宝	体重正常范围：8.6~11.9 千克 身高正常范围：73.5~84.6 厘米

★ 进餐教养

• 训练进餐的礼仪

每次宝宝吃饭前，都要先给宝宝清洗双手和脸，接着用愉快的声音说："我们开饭喽！"然后，在这种愉快的氛围中吃饭。进餐结束要向宝宝示范说："吃饱了。"然后为宝宝洗净双手和脸。像这些进餐的礼仪，不论宝宝是否会做，爸爸妈妈们都要从小反复在宝宝的面前示范，以便养成习惯。

• 用勺喂宝宝

宝宝开始食用半固体或固体食物时，应该让宝宝练习用勺子吃东西。妈妈可以用小勺给宝宝喂些好吃的食物，或在大人吃饭时顺便使用小勺给宝宝喂些汤水。这样宝宝慢慢地就会对小勺里的食物产生兴趣且接纳用勺子吃东西了，为以后自己独立吃饭打下基础。

• 创造愉悦的进餐环境

1 岁以后的宝宝一般都会挑食，但这种情况往往是含着一定游戏成分的无意识行为，需要父母及时引导，避免养成坏习惯。

对于宝宝不喜欢吃的食物，父母应该改变烹调方法或间隔一段时间再喂食，避免强迫宝宝进食，否则会引起逆反心理。

对于 1~1.5 岁的宝宝来说，成长所需的大部分营养都来自于正餐。为了保证宝宝对正餐的兴趣，饭前 1 小时应禁止吃零食或喝大量饮料，而且要创造愉悦的进餐环境。

重点营养素关注
维生素 E

维生素 E 是一种具有抗氧化功能的维生素，易溶于油脂及其他溶剂，为人体必需的不能合成的脂溶性维生素。维生素 E 能促进宝宝牙齿健全，有利于宝宝的骨骼发育和正常成长；降低患缺血性心脏病的概率；可防止脂肪、维生素 A、维生素 C 及硒等物质被氧化，是人体生理功能正常运作所不可缺乏的物质。

• 维生素 E 每天的推荐摄入量

0~6 个月宝宝	3 毫克
6 个月 ~1 岁宝宝	4 毫克
1~3 岁宝宝	6 毫克

注：以上数据参考北京大学医学出版社《中国食物成分表（第 2 版）》

• 维生素 E 的来源

维生素E的主要来源为植物油，如大豆油、麦胚油、玉米油、花生油、芝麻油等；花生米、核桃仁、葵花子、南瓜子、榛子、松子等坚果中维生素E的含量也很丰富；黄瓜、红薯等蔬菜中也富含维生素E。动物性食物以蛋黄维生素E的含量最高，肉类、鳝鱼、鱿鱼、牛奶、猪肝等维生素E的含量也很丰富。

• 维生素 E 缺乏症状表现

1. 生长迟缓。
2. 皮肤粗糙、干燥，缺乏光泽，容易脱屑。
3. 易患轻度溶血性贫血和脊髓小脑病。

• 营养加倍的完美搭配

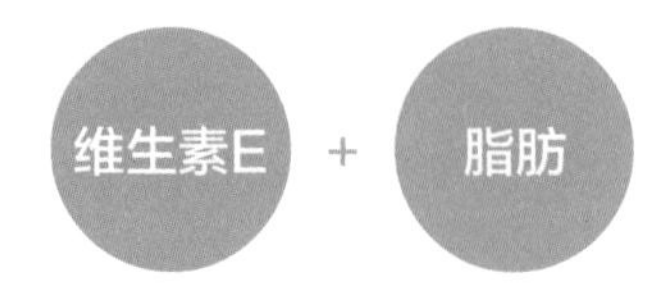

补充维生素E时，可以适量吃一些富含脂肪的食物。因为维生素E是脂溶性维生素，所以摄入脂肪可以帮助其更好地被溶解吸收。

宝宝能过多摄入维生素 E 吗？ NO

过多摄入维生素 E 会导致宝宝出现皮肤皲裂、视力模糊、唇炎、口角炎、呕吐、胃肠功能紊乱、腹泻、免疫力下降、伤口不易愈合等中毒现象。

营养师给出的喂养指南

能正式咀嚼并吞咽食物了

1 岁以上的宝宝开始长出臼齿，发育快的宝宝已经长尖牙了。宝宝长出臼齿后就能正式咀嚼并吞咽食物，三餐可以和爸爸妈妈一起在餐桌上吃，但每天仍要喝几百毫升的奶。

挑选味淡而不甜的食物给宝宝

1 岁的宝宝可以吃稀饭，也可以吃大人吃的大部分食物。但是在喂的时候应选择味淡而不甜的食物，并做成宝宝容易咀嚼的软度和大小。宝宝到 16 个月时可以无异常地消化软饭，还可以吃米饭，而且对以饭、汤、菜组成的大人食物比较感兴趣，但还不能直接喂大人吃的食物。

宝宝能吃多少就喂多少

在幼儿饮食的过渡期中，要教宝宝用勺子吃饭的方法。在这个时期，宝宝吃饭容易分心，可以把吃饭的时间规定在 30 分钟以内，要是超过了时间宝宝因为贪玩忘了吃饭，就把饭菜撤掉。这时，宝宝可能没有太大的食欲，因而体重可能会相应减低，显得比较瘦。其实，不用为宝宝不吃东西而过分担心，宝宝能吃多少就喂多少。如果强行给宝宝吃得太多，反而会引起宝宝厌食。另外，如果突然增加食量，也会给胃肠带来负担。

无须每天严格遵守标准饭量

宝宝的饭量要根据宝宝的消化功能和食欲来定。不同的宝宝身体条件不同，而且摄入的零食量也不固定，所以有的时候吃得多，有的时候吃得少。妈妈们没必要太遵守标准的饭量。若是宝宝吃饱了，千万不要追着宝宝喂饭，或者喂太多零食。

主食一次以 30~50 克为宜

停止授乳后通过主食来为宝宝提供所需的营养成分，因此不仅一日三餐要规律，而且量也要增加，一次吃一碗（婴儿用碗）是最理想的。每次吃的量是因宝宝而异的，但若与平均情况有太大差距，应检查宝宝的饮食结构上是否有问题。很多时候，喝过多的牛奶或还没有完全断奶时食量不会增加。

出现厌食现象不必担心

相比较之前，宝宝的食量不但没有增加，还有所下降，甚至出现了厌食的现象，往往是因为这段时间添加饭菜导致宝宝的肠胃疲劳，需要调整一段时间。

在这一时期有些宝宝会更偏爱喝奶，这也没什么问题，配方奶粉能够提供足够的营养，过了这段厌食期，宝宝会重新爱上吃饭的。

• 宝宝不愿吃米饭应对策略

要均衡摄取五大营养素，不一定非要喂米饭。愿意吃面的宝宝，可以多做些加蔬菜和肉的面食，宝宝吃面食时很多时候不咀嚼，直接吞食会影响消化功能，但加点儿蔬菜就可以防止直接吞食的坏习惯。也可以喂些土豆汤。

先给宝宝喂点儿他喜欢的食物，这样能提高他对食物的期待感，食欲也会有所提高。

宝宝吃多少零食合适

给什么样的零食，给多少零食，应该根据宝宝的现状来决定。一日三餐都能好好吃，体重超过标准的宝宝，尽量只给一些应季的水果，不要给其他零食了。那些只知道吃成品乳制食品，而不懂得咀嚼的宝宝，应该给予苹果、梨片，或者一些酥脆饼干吃。饭量小的宝宝，可以吃强化铁饼干来补充营养，不喜欢吃鱼、肉的宝宝，可以吃奶酪、鸡蛋等食物。

• 宝宝不爱吃肉应对策略

如果宝宝不爱吃肉，可能是因为肉比别的食物更坚韧，不太好咀嚼，因此肉食一定要做得软、烂、鲜嫩。

1 可以采用熘肉片和氽肉片的方法，使肉质鲜嫩，不会塞牙。

2 红烧肉烧好后，再加水蒸1个小时，可使瘦肉变得松软。

3 不要太油腻，肉汤要撇去浮沫。

4 用葱、姜、料酒去腥。

5 不妨加一些爆香的大蒜粒，不仅可以使菜肴生香，还能促进食欲。

6 洋葱煸软烂后再与排骨或牛肉一起做菜，也有促进食欲的效果。

• 宝宝较瘦也不要经常喂

宝宝的体重不增加时，不少父母就会频繁给宝宝喂食，这是不正确的。随时喂牛奶、水果、面包、蒸土豆等，表面上看是补充营养，实际上会导致宝宝食量减少。不少人认为，喂零食能补充身体所需的营养，但一两种零食不能像饭那样补充多种营养素。宝宝越瘦，越应该规定好吃饭和零食的时间，避免养成随时喂食的坏习惯。

妈妈经验分享

摄食量减少不必太过担心

平时食欲好的宝宝，到了现在却不愿吃饭。随着饭量的减少，体重也不增加，特别是出生时体重较大的宝宝容易提前发生这种情况。这一时期出现的食欲不振或成长低下是骨骼和消化器官发育过程中的自然现象，不必太过担心，但有必要检查是不是因错误的饮食习惯引起的。

宝宝吃饭的速度过慢，怎么办

宝宝吃饭慢是有原因的，比如不愿意吃，食物坚硬，咀嚼需要花一段时间，到处走动不能集中注意力吃饭等，都容易造成宝宝吃饭慢。

出现不愿吃或到处走动的情况，妈妈有必要跟宝宝一起吃饭来调节吃饭的速度。这样宝宝仍不愿意吃饭时，要果断地收拾饭桌，并且下一顿饭之前不要给任何零食，宝宝肚子饿了，吃饭速度自然会变快。

宝宝只想吃零食，怎么办

宝宝如果习惯于甜味，总会觉得饭菜太淡，因此容易失去食欲。要渐渐减少给宝宝喂甜味的零食，并诱导宝宝在饭菜中寻找甜味。如可以做带甜味的南瓜饭，用南瓜做菜等，使宝宝在饭桌上满足对甜味的需要。

白开水是宝宝最好的饮料

不管是何种饮料，让宝宝喝多了都会影响健康。有些宝宝一天能喝三五瓶甚至更多瓶饮料，导致摄入糖分过多、热量过剩而成为小胖墩。宝宝肥胖易使血脂升高、血压上升，为日后患心脑血管病、糖尿病埋下祸根。一些宝宝喝饮料过多而影响吃饭，食欲下降。儿童喝饮料过多，会摄入过量的人工色素，易引起儿童多动症。

为了宝宝的健康，爸爸妈妈要为宝宝科学选择饮料，适量饮用。橘子汁、苹果汁、猕猴桃汁、山楂汁等果汁饮料，富含维生素 C 和矿物质，可用凉开水稀释后饮用。酸奶饮料也适合儿童饮用。

对宝宝来说，最好的饮料还是白开水。从营养学角度来说，任何含糖饮料或功能性饮料都不如白开水，纯净的白开水进入人体后不仅最容易解渴，而且可立即发挥功能，促进新陈代谢，起到调节体温、输送营养、洗涤清洁内部脏器的作用。

1～1.5 岁宝宝一日饮食餐单

时间	食物	数量
08：00	母乳或配方奶粉	220 毫升
10：00	点心	140 克
12：00	黄金瓜	100 毫升
15：00	南瓜杂粮	140 克
18：00	母乳或配方奶粉	180 毫升
20：00	番茄鸡蛋龙须面	150 克
24：00	母乳或配方奶粉	200 毫升

★宝宝营养辅食推荐

黑芝麻南瓜饭 润肠通便

材料：大米30克，南瓜20克，黑芝麻5克。

营养师这样做

1 大米洗净；南瓜去皮去子，洗净，切成小块；黑芝麻洗净后，炒干、捣碎。

2 把大米、南瓜丁、黑芝麻碎倒入锅里，一起煮成软饭即可。

对宝宝的好处

南瓜中的膳食纤维能加速肠胃蠕动，黑芝麻富含油脂，两者搭配食用，对宝宝润肠通便有一定的好处。

适合年龄 1岁以上

适合年龄 1岁以上

老南瓜黄豆饭 健脾开胃

材料：大米40克，老南瓜25克，黄豆10克。

营养师这样做

1 大米洗净；黄豆洗净，用水浸泡4小时，去皮，捣碎。

2 老南瓜去皮、去瓤和子，切成7毫米大小的丁。

3 将大米、南瓜丁、黄豆碎和适量水一起倒入锅中，煮成软饭即可。

对宝宝的好处

南瓜富含膳食纤维，能促进肠胃蠕动，保护肠胃健康，且味道香甜，有健脾开胃的作用。

适合年龄 1岁以上

南瓜糯米饭 明目、养胃

材料：大米30克，糯米10克，南瓜10克，西蓝花5克。

调料：黄油5克。

营养师这样做

1 大米洗净；糯米洗净，用清水浸泡4小时。

2 南瓜去皮、去子和瓤，切成7毫米大小的丁；西蓝花用水焯烫一下，切成7毫米大小的丁。

3 锅中加黄油烧热，放入南瓜丁翻炒一下，放入泡好的大米、糯米及西蓝花丁，加入适量水熬煮成软饭即可。

番茄炒蛋 促进神经系统发育

材料： 番茄 150 克，鸡蛋 1 个。

调料： 葱末、蒜末各 5 克，植物油适量。

营养师这样做

1. 番茄切块，鸡蛋打到碗里搅匀，油锅放入鸡蛋炒散，盛出。
2. 锅置火上，倒入油烧热，放番茄翻炒，稍焖一会，加盐翻炒片刻，加入鸡蛋块，撒上葱末、蒜末，翻炒片刻即可。

对宝宝的好处

鸡蛋中的胆碱能促进神经系统发育，番茄中的番茄红素是神经系统的稳定剂，两者搭配食用，能促进宝宝神经系统发育。

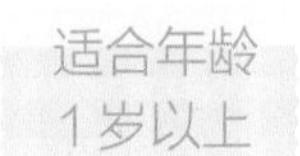

鸡蛋炒莴笋 促进肠道蠕动

材料： 鸡蛋 1 个，莴笋 50 克。

调料： 盐 1 克，植物油适量。

营养师这样做

1. 莴笋去皮，洗净，切片；鸡蛋磕入碗中打散。
2. 锅内倒油烧热，倒入鸡蛋液翻炒后，再加莴笋片和清水炒熟，加盐调味即可。

对宝宝的好处

莴笋富含膳食纤维，有利于促进宝宝肠胃蠕动，预防便秘的发生。

适合年龄
1岁以上

四色炒蛋 预防宝宝偏食

材料： 鸡蛋 1 个，青椒、泡发黑木耳各 40 克。

调料： 葱花、姜末各 5 克，水淀粉、植物油、盐各适量。

营养师这样做

1. 将鸡蛋的蛋清、蛋黄分别打在两个碗内，并分别加少许盐，搅打均匀；把青椒和黑木耳分别切成菱形状。
2. 锅内倒油烧热，分别煸炒蛋清和蛋黄，盛出。
3. 另起油锅，放入葱花、姜末爆香，投入青椒片和黑木耳片，炒到快熟时，加入少许盐，再加入炒好的蛋清和蛋黄，用水淀粉勾芡即可。

虾仁菜花 补充优质蛋白质和钙

材料：菜花 60 克，虾仁 20 克。

营养师这样做

1 菜花取花冠，洗净，放入开水中煮软，切碎；虾仁用凉水解冻后切碎。
2 锅内加水，放入虾仁碎煮成虾汁。
3 将菜花碎放入虾汁中煮熟即可。

对宝宝的好处

虾仁含有丰富的优质蛋白质和钙质，宝宝常食可以促进钙质吸收，还能补充优质蛋白质，加速成长。

适合年龄
1 岁以上

适合年龄
1 岁以上

葡萄干蛋糕 补铁

材料：葡萄干 10 克，鸡蛋 1 个，面粉 50 克。
调料：植物油适量。

营养师这样做

1 葡萄干泡开，沥干；鸡蛋取蛋清打散，使蛋清充分发泡、发白，加入面粉，搅拌成糊状。
2 取不锈钢盘子，里面涂抹一层植物油，倒入面糊，放入葡萄干，开水上锅，大火煮 40 分钟即可。

对宝宝的好处

葡萄干中铁含量丰富，适合患有缺铁性贫血的宝宝食用。

适合年龄
1 岁以上

三明治 维持神经、肌肉系统正常

材料：全麦吐司 1 片，小黄瓜、大番茄各 20 克，水煮蛋 1/2 个。
调料：沙拉酱少许。

营养师这样做

1 将全麦吐司先切边，再沿对角线切成等份的三角形。
2 小黄瓜和大番茄洗净，切成薄片；水煮蛋剥去蛋壳，切片。
3 将沙拉酱抹在两片全麦吐司上，一片铺在下面，依次加入小黄瓜、大番茄和水煮蛋，再覆盖上另一片全麦吐司即可。

1.5~3 岁宝宝，可添加全面型辅食

★ 宝宝的体重、身高长啥样了

1.5~2 岁宝宝身体情况

男宝宝	体重正常范围：10.3~14.0 千克 身高正常范围：80.7~92.1 厘米
女宝宝	体重正常范围：9.8~13.3 千克 身高正常范围：79.8~90.7 厘米

2~2.5 岁宝宝身体情况

男宝宝	体重正常范围：11.4~15.2 千克 身高正常范围：82.4~97.1 厘米
女宝宝	体重正常范围：10.9~14.6 千克 身高正常范围：84.6~95.9 厘米

2.5~3 岁宝宝身体情况

男宝宝	体重正常范围：12.2~16.4 千克 身高正常范围：89.6~101.4 厘米
女宝宝	体重正常范围：11.7~15.8 千克 身高正常范围：88.4~100.1 厘米

★ 进餐教养

• 养成固定地点吃饭的习惯

在宝宝能吃饭的时候，要让他每次都在同一个地方吃饭，只有这样才能形成条件反射，让宝宝明白坐在这个位置就是要准备吃饭了。

• 吃饭时间不宜过长

宝宝吃饭一般不超过 30 分钟。如果宝宝边吃边玩，就要及时结束进餐，且告诉宝宝进餐结束了，然后收拾餐具，千万不能让宝宝把进餐和游戏画上等号。

• 进餐时要关掉电视

1.5 ~ 3 岁的宝宝已经可以和大人共同进餐了，因此，家人应该给宝宝创造愉悦的进餐环境，尤其是吃饭时不要看电视。如果进餐时开着电视，家人会专注于电视，而忽略与宝宝的沟通。即使遇到宝宝不喜欢食物或吃了不该吃的食物，父母也意识不到，这会降低宝宝进餐的欲望。

• 培养宝宝独立进餐

父母应该培养宝宝自己吃饭，让他尽快掌握这项自理技能，为上幼儿园做准备。尽管宝宝已经学会了拿勺子，也会拿勺子吃饭，但有时也会用手直接抓食物。这时，父母应该允许宝宝用手抓食物，并提供一定的手抓食物，如小包子、馒头等，提高宝宝进餐的兴趣。

重点营养素关注
卵磷脂

卵磷脂是构成细胞膜和神经鞘膜的重要物质，人类的生命自始至终都离不开它的滋养和保护。卵磷脂存在于每个细胞中，更多的集中在脑部、神经系统、血液循环系统、免疫系统，以及肝、心、肾等重要器官中。此外，卵磷脂能分解堆积在血管中的胆固醇。

卵磷脂每天的推荐摄入量

只要哺乳妈妈和婴幼儿摄入足够种类的食物，就不必担心有缺乏的问题，同时，也不需要额外补充含卵磷脂的营养品。4个月以后添加辅食的宝宝可以从鸡蛋黄等食物中摄取到身体所需的卵磷脂。

卵磷脂缺乏症状表现

1. 注意力分散。
2. 记忆力下降。
3. 免疫力降低。
4. 反应迟钝、理解力下降。

卵磷脂的来源

卵磷脂在牛奶、鱼头、芝麻、蘑菇、山药、黑木耳、谷类、小鱼、鳗鱼、红花子油、玉米油、葵花子等食物中都有一定的含量。但含量较多的还是大豆、蛋黄、核桃、坚果、肉类及动物肝脏。

营养加倍的完美搭配

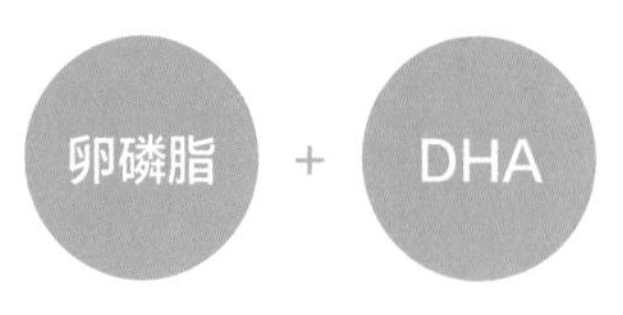

大豆卵磷脂和DHA 搭配食用，能够促进宝宝大脑发育，增强记忆力。

宝宝吃鱼被刺卡住了，喝醋管用吗？ NO

如果宝宝不慎被鱼刺卡住了，先安抚他的情绪，别让鱼刺因哭闹而越扎越深，再让他张嘴，用手电筒观察鱼刺的大小。如果鱼刺较小，扎入比较浅，可以让宝宝做呕吐或咳嗽的动作，或用力做几次“哈、哈”的发音动作，利用气管冲出的气流将鱼刺带出；如果位置较深，则要尽快带宝宝去医院。妈妈应注意给宝宝挑选肉多刺少的鱼，并完全剔干净鱼刺。

营养师给出的喂养指南

从小注重宝宝良好饮食习惯的培养

饮食习惯不仅关系到宝宝的身体健康，而且还关系到宝宝的行为品德，家长应给予足够的重视。

对于宝宝来讲，良好的饮食习惯包括：

饭前做好就餐准备

按时停止活动，洗净双手，安静地坐在固定的位置等候就餐。

吃饭时不挑食、不偏食、不暴饮暴食

饮食要多样化，荤素搭配，细嚼慢咽，食量适度；吃饭时注意力要集中，专心进餐；不边玩边吃、不边看电视边吃、不边说笑边吃。爱惜食物，不剩饭。

饭后洗手漱口

家长本身应保持良好的饮食习惯，为宝宝树立好榜样。其次还应为宝宝创造良好的就餐环境，准备品种多样的饭菜，掌握一定的原则，及时表扬和纠正宝宝在饮食中的一些表现。经过日积月累的指导和训练，宝宝就会逐渐养成良好的饮食习惯。

此外，还应培养宝宝独立进餐、喝水和控制零食的好习惯。

让宝宝愉快地就餐

一个人情绪的好坏，会直接影响这个人的中枢神经系统的功能。

进餐时情绪	结果
进餐时保持愉快的情绪	可以使中枢神经和副交感神经处于适度兴奋状态，会促使宝宝体内分泌各种消化液，引起胃肠蠕动，为接受食物做好准备。从而使胃肠可以顺利地完成对食物的消化、吸收、利用，使得宝宝从中获得各种营养物质
进餐时生气、发脾气	容易造成宝宝的食欲缺乏，消化功能紊乱，而且宝宝因哭闹和发怒失去了就餐时与父母交流的乐趣，父母为宝宝制作的美餐，既没能满足宝宝的心理要求，也没有达到提供营养的目的

因此，要求家长要给宝宝创造一个良好的就餐环境，让宝宝愉快地就餐，才能提高人体对各种营养物质的利用率。

如此说来，愉快地进餐是宝宝身心健康的前提，是十分重要的。

A+B+C，营养更均衡

妈妈们不必做到每天的食谱都搭配得完全合理。比如宝宝今天蔬菜吃得少了，妈妈第二天便可以多给宝宝补充一些蔬菜。另外，妈妈们也可以2~3天单为宝宝搭配合理的营养食谱。

A类食物主要是富含碳水化合物的米饭、面条等主食。

B类食物主要是富含维生素、矿物质的可用来烹调菜肴的蔬菜和水果。

C类食物主要是富含蛋白质的可用于烹调各种汤的鱼类、肉类等。

可以跟大人吃相似的食物了

为了宝宝的身体均衡发育，应通过一日三餐和零食来均匀、充分地摄取饭、菜、水果、肉、奶5类食物。1.5~3岁宝宝可以跟大人吃相似的食物，比如可以跟大人一样吃米饭，而不必再吃软饭。但是要避开质韧的食物，一般食物也要切成适当大小并煮熟透了再喂。不要给宝宝吃刺激性的食物。有过敏症状的宝宝，还要特别注意慎食一些容易引起过敏的食物。2岁左右的宝宝可以吃大部分食物，但一次不能吃太多，要遵守从少量开始、慢慢增加的原则。

Tips

2岁以内不建议宝宝吃甜食

甜味食品比苦味或咸味食品“危害”大，是宝宝们喜欢吃的食物，而且经常食用的水果与果汁等已含有相当多的糖分。宝宝越早接触甜味越容易上瘾，所以，不鼓励喂2岁以内的宝宝甜味食品。

早餐一定要按时吃

不吃早餐，容易引起宝宝消化功能降低，增加胃肠压力，容易影响宝宝健康，所以要培养宝宝按时吃早餐的习惯。

宝宝吃饭时总是含饭怎么办

有的宝宝喜欢把饭菜含在口中，不嚼也不吞咽，这种行为俗称“含饭”。含饭的现象易发生在婴儿期，多见于女宝宝，以父母喂饭者较为多见。

原因

含饭是由于父母没有让宝宝从小养成良好的饮食习惯，没有在正确的时间添加辅食，宝宝的咀嚼功能没有得到充分锻炼而导致的。这样的宝宝常由于吃饭过慢或过少，无法摄入足够的营养素，而导致营养不良的情况。

应对方法

父母可有针对性地训练宝宝，让其与其他宝宝同时进餐，模仿其他宝宝的咀嚼动作，这样随着年龄的增长，宝宝含饭的习惯就会慢慢地得到纠正。

宝宝厌食应对方法

这个阶段的宝宝容易出现“生理性厌食”，这主要是由于宝宝对外界探索的兴趣明显增加，因而对吃饭失去了兴趣。

更换食物花样

父母应经常更换食物的花样，让宝宝感到吃饭也是件有趣的事，从而增加吃饭的兴趣。

让宝宝独立吃饭

应放手让宝宝自己吃饭，使其尽快掌握这项生活技能，也可为幼儿园入园做好准备。尽管宝宝已经学习过拿勺子，甚至会用勺子了，但宝宝有时还是愿意用手直接抓饭菜，好像这样吃起来更香。爸爸妈妈要允许宝宝用手抓取食物，并提供一些手抓的食物，如小包子、馒头、面包、黄瓜条等，提高宝宝吃饭的兴趣，让宝宝主动吃饭。

不要强迫宝宝吃饭

宝宝吃多吃少，是由他的生理和心理状态决定的，不会因大人的主观愿望而转移。强迫宝宝吃饭，不利于宝宝养成良好的饮食习惯。

1.5~3 岁宝宝一日饮食餐单

时间	食物	数量
08：00	母乳或配方奶	250 毫升
10：00	鱼肉饺子	140 克
12：00	鸡蛋炒饭	180 克
16：30	番茄鱼丸汤	180 克
18：00	海苔卷	180 克
20：00	母乳或配方奶粉	250 毫升

★ 宝宝营养辅食推荐

素什锦炒饭 增强免疫力

材料： 米饭150克，鸡蛋1个，胡萝卜、香菇、青椒各50克。

调料： 盐2克，植物油适量。

营养师这样做

1 胡萝卜、香菇分别洗净，切成丁；青椒去蒂和子，洗净，切丁。

2 胡萝卜丁、香菇丁、青椒丁放入沸水中焯烫，捞出，沥水；鸡蛋打散，搅拌成蛋液，放入热油锅中炒熟，盛出。

3 锅底留油烧热，下香菇丁煸炒，倒入米饭、青椒丁、胡萝卜丁和鸡蛋翻炒均匀，放盐调味即可。

适合年龄
1.5岁以上

紫菜饭团 防止甲状腺肿大

材料： 米饭80克，紫菜15克，熟芝麻5克。

营养师这样做

1 紫菜放入烤箱中烤一下，然后捣碎；熟芝麻放入搅拌机中搅碎。

2 将熟芝麻碎放入米饭中搅匀，捏成直径2厘米的圆。

3 将圆形饭团放入紫菜碎中滚动一圈即可。

对宝宝的好处

紫菜中碘含量较高，可用于预防因缺碘引起的"甲状腺肿大"，米饭含有丰富的碳水化合物，二者搭配食用，有利于防止甲状腺肿大的发生。

适合年龄
1.5岁以上

鱼肉饺子 补充优质蛋白质

材料： 无刺鱼肉、番茄各30克，芹菜20克，香菇10克，面粉50克。

调料： 植物油适量，盐2克。

营养师这样做

1 芹菜、香菇洗净，沸水焯烫一下，剁成末；鱼肉洗净，剁成末，和香菇末、芹菜末、盐搅匀制成馅料。

2 面粉加水和成面团，揪成小剂子，擀成饺子皮，包入馅料，制成饺子生坯。

3 番茄洗净，入沸水中烫一下，去皮，切碎，入油锅翻炒成番茄酱。

4 饺子下锅煮熟，淋上番茄酱即可。

咸蛋黄玉米 提高抗病能力

材料：玉米粒 80 克，熟咸鸭蛋黄 30 克。

调料：淀粉、植物油各适量。

营养师这样做

1 玉米粒洗净，控干，和淀粉拌匀，炸至表面金黄色捞出；熟咸鸭蛋黄研碎。

2 锅烧热，下咸鸭蛋黄翻炒至起沫，倒入玉米粒，翻炒均匀后即可。

对宝宝的好处

玉米含有丰富的膳食纤维，不但可以刺激胃肠蠕动，防止便秘，还可以促进胆固醇的代谢，加速肠内毒素的排出。

适合年龄
2 岁以上

三彩菠菜 增强抵抗力

材料：菠菜 50 克，粉丝 25 克，海米 20 克，鸡蛋 1 个（打散）。

调料：蒜末 3 克，香油 1 克，盐、植物油各适量。

营养师这样做

1 菠菜洗净，焯烫，捞出后切长段；粉丝泡发，剪长段；海米泡发。

2 锅内放油烧热，倒鸡蛋液炒散后盛出，待用。

3 锅内放油烧热，炒香蒜末、海米，加菠菜、粉丝炒至将熟，倒入炒熟的鸡蛋，加盐、香油，翻炒至熟即可。

适合年龄
2 岁以上

咸蛋黄炒南瓜 润肠通便

材料：南瓜 80 克，熟咸鸭蛋黄 30 克。

调料：葱段 3 克，植物油适量。

营养师这样做

1 南瓜洗净，去皮去子，切片；熟咸鸭蛋黄碾碎。

2 锅内倒油烧热，爆香葱段，倒南瓜片煸炒至熟，加研碎的咸鸭蛋黄，和南瓜片翻炒均匀即可。

对宝宝的好处

南瓜富含膳食纤维，咸蛋黄富含脂肪，两者搭配食用，能润肠通便，预防宝宝便秘。

鸡肉丸子汤 强壮身体

材料： 鸡肉 50 克，洋葱 10 克，白菜 15 克，蛋清 1 个。

调料： 盐 2 克，鸡汤 100 克。

营养师这样做

1. 鸡肉洗净，剁成泥；洋葱去老皮，切碎；白菜洗净，切碎。
2. 将鸡肉泥、洋葱碎、白菜碎、蛋清和盐搅匀，捏成直径 2 厘米的丸子，放入鸡汤锅中煮熟即可。

对宝宝的好处

鸡肉富含蛋白质，洋葱、白菜富含膳食纤维，搭配食用能促进肠道内食物的消化吸收，强壮身体。

适合年龄
2 岁以上

虾仁鱼片炖豆腐 补钙、健脾胃

材料： 鲜虾仁 30 克，鱼肉片、嫩豆腐各 20 克，青菜心 100 克。

调料： 盐 1 克，葱末、姜末各 3 克，植物油适量。

营养师这样做

1. 将虾仁、鱼肉片洗净；青菜心洗净，切段；嫩豆腐洗净，切成小块。
2. 锅置内倒油烧热，下葱末、姜末爆锅，再下入青菜心稍炒，加水，放入虾仁、鱼肉片、豆腐稍炖一会儿，加入盐调味即可。

对宝宝的好处

豆腐、虾仁都富含钙质，鱼肉富含优质蛋白质，青菜含有维生素和矿物质，几者搭配食用能促进宝宝健康发育。

适合年龄
2 岁以上

番茄鱼丸汤 补充蛋白质

材料： 鱼丸 50 克，番茄、猪瘦肉各 30 克。

调料： 姜末 3 克，盐 2 克，香菜少许。

营养师这样做

1. 番茄洗净，去皮，切丁；瘦肉洗净，切块；香菜洗净，切末。
2. 起锅烧水，煮沸后放入瘦肉块，焯烫除去表面血渍，捞出后用水洗净。
3. 另起一锅，放入番茄、鱼丸、瘦肉块、姜末，加入清水，旺火煮沸后转小火煲；煲 1 小时后调入盐，撒上香菜末即可。

对宝宝的好处

鱼丸富含蛋白质，猪肉纤维细软，质感好，宝宝常吃可以增强体力。

Part 4

家常食材变身美味辅食

小米

呵护宝宝的脾胃

宝宝开始添加月龄：6 个月

哪些宝宝不适合吃：由于小米性稍偏凉，小便清长的宝宝不宜过多食用。

• 对宝宝的好处

1 小米富含维生素 B_1、维生素 B_2 等，具有呵护宝宝娇嫩脾胃，预防消化不良的作用。

2 小米富含色氨酸，色氨酸可帮助宝宝入睡，使宝宝的大脑得到充分的休息。小米是宝宝健脑补脑的有益主食，宝宝经常吃些小米有益于增强智力。

3 小米熬粥营养价值丰富，有“代参汤”的美称。由于小米不需要精制，它保存了许多的维生素和矿物质。小米中的维生素 B_1 可达大米的几倍，矿物质含量也高于大米。

Tips

淘洗小米时不要用手搓，也不要长时间浸泡或用热水淘米，以避免水溶性维生素的流失。

• 营养师教你营养搭配

小米 + 豆类

由于小米所含的氨基酸中缺乏赖氨酸，而豆类所含的氨基酸中富含赖氨酸，可以补充小米缺乏赖氨酸的不足，有利于宝宝对蛋白质的吸收和利用。

推荐宝宝餐：小米豆腐粥（8 个月以上宝宝）

• 这样烹调最健康

1 小米熬粥时，应该等水沸腾后再加入小米，这样煮出来的小米粥才会黏稠，更有利于营养吸收。

2 给宝宝煮小米粥的时候不宜放碱，否则会破坏掉小米中的 B 族维生素，不利于宝宝健康。

• 让宝宝更爱吃的做法

很多妈妈做小米粥时都会头疼，既怕宝宝不喜欢小米的味道，又怕宝宝吃的营养不全面，影响宝宝的发育。其实，大多数宝宝都喜欢吃甜食，煮粥时可以加点南瓜，宝宝就会喜欢吃了。因为南瓜带有自然的糖分，还有独特的清香。所以，煮小米粥时加点南瓜，颜色鲜艳，味道香甜。此外，还可以加入蛋黄，这样营养丰富，有利于促进宝宝的健康发育。

小米黄豆面煎饼 健胃止呕

材料：小米面 200 克，黄豆面 40 克。

调料：干酵母 3 克，植物油适量。

营养师这样做

1. 将小米面、黄豆面和干酵母放入面盆中，用筷子将盆内材料混合均匀，倒入温水搅拌成均匀无颗粒的糊状。
2. 加盖饧发 4 小时，将发酵好的面糊再次搅拌均匀。
3. 锅内倒植物油烧至四成热，用汤勺舀入面糊，使其自然形成圆饼状。
4. 开小火，将饼煎至两面金黄，切成四半即可。

适合年龄 10个月以上

适合年龄 1岁以上

鸡蛋红糖小米粥 防止贫血

材料：小米 80 克，鸡蛋 1 个。

调料：红糖少许。

营养师这样做

1. 小米清洗干净；鸡蛋打散。
2. 锅中加适量清水烧开，加小米大火煮沸，转小火熬煮，待粥烂，加鸡蛋液搅匀，稍煮，加红糖搅拌即可。

对宝宝的好处

小米具有益气养血的功效，鸡蛋是滋阴养血的理想食材，二者搭配食用，能防止宝宝贫血。

适合年龄 1岁以上

蛋黄南瓜小米粥 开胃健脑

材料：鸡蛋 1 个，南瓜、小米各 80 克。

营养师这样做

1. 鸡蛋煮熟，取蛋黄碾碎；南瓜洗净，去皮、去瓤和子，切块，隔水蒸熟，捣成泥。
2. 锅中加水，水沸后加入小米，等粥煮熟后，加入蛋黄碎和南瓜泥搅匀即可。

对宝宝的好处

蛋黄有健脑作用，南瓜可以开胃，小米帮助睡眠，三者搭配，很适合宝宝食用。

大米

促进宝宝的发育

宝宝开始添加月龄：4 个月

哪些宝宝不适合吃：无

• 对宝宝的好处

1 大米富含淀粉、维生素 B_1、矿物质、蛋白质等，能刺激胃液的分泌，有助于消化，能促进宝宝的发育。

2 大米是过敏可能性最小、最容易消化的食物，没有刺激味道，是制作宝宝辅食的基本材料。

3 用大米做成的粥或米汤，可益气、养阴、润燥，宝宝常食可以促进身体健康。

4 大米粥表面漂浮的一层形如油膏的物质为“米油”，具有滋阴强身的功效。宝宝病后体虚者，常食大米粥特别是“米油”，可收到调养气血的效果。

5 大米做成的米汤能够促进奶粉中酪蛋白的吸收，适宜婴幼儿食用。

Tips

妈妈用大米第一次给宝宝做大米糊最好是与母乳浓度相近的 10 倍米糊，这样有利于宝宝接受辅食，还不会伤害脾胃健康。

• 营养师教你营养搭配

大米 + 红枣

红枣被誉为“天然维生素丸”，营养丰富，味道甜，含蛋白质、脂肪、碳水化合物、维生素和矿物质等营养成分，与大米同食，可帮助宝宝消化吸收营养物质、调理气血。

推荐宝宝餐：大米红枣粥（8 个月以上宝宝）

• 这样烹调最健康

1 用大米给宝宝煮粥时，水最好一次加够，不要中途加水，否则会影响粥的口感和黏稠度。

2 煮米饭时，在煮米的水中加少量醋或柠檬汁，可使煮出来的米饭更洁白、松软，宝宝更爱吃。

• 让宝宝更爱吃的做法

4 个月后，当宝宝逐渐接受大米做成的米汤、米糊、米粥之后，可逐渐添加蒸熟的南瓜、胡萝卜、番茄等蔬菜泥以及蛋黄等，这样不仅改善口感、增强宝宝的食欲，而且营养价值更全面。

饼干粥 促进生长发育

材料： 大米 15 克，婴儿饼干 2 片。

营养师这样做

1 大米洗净。
2 锅置火上，放入大米和适量清水，大火煮沸，转小火熬煮成稀粥。
3 将饼干捣碎，放入粥中稍煮片刻即可。

对宝宝的好处

大米中富含碳水化合物、蛋白质、脂肪、B 族维生素等，宝宝常食能满足身体发育所需。

适合年龄
8个月以上

大米红枣粥 助消化、补气血

材料： 大米 50 克，红枣 3 枚。

营养师这样做

1 红枣洗净，去核，切小块；大米洗净。
2 锅中放水，倒入大米煮沸，放入红枣碎煮至粥烂即可。

对宝宝的好处

大米的消化率可达 66.8%～83.1%，红枣中含铁丰富，是预防宝宝贫血的理想食物，二者搭配食用能助消化、补气血。

适合年龄
1岁以上

牛奶大米粥 镇静安神

材料： 牛奶 100 克，大米 50 克。

营养师这样做

1 大米洗净。
2 锅置火上，倒入适量清水烧开，加大米煮成粥，关火，再加入牛奶搅匀即可。

对宝宝的好处

大米能滋阴润燥，牛奶中所含的色氨酸能抑制神经兴奋，二者搭配食用，能镇静安神。

玉米

让宝宝眼睛更明亮

宝宝开始添加月龄：6个月

哪些宝宝不适合吃：玉米中膳食纤维含量丰富，所以消化不好的宝宝不宜食用。

• 对宝宝的好处

1 玉米中的亚油酸是谷类中含量最高的，其能促进宝宝大脑的健康发育。

2 玉米还含有胡萝卜素、维生素E、黄体素、玉米黄质等，能保护宝宝视力，增强记忆力和抵抗力。

3 相比稻米和小麦等主食，玉米中的维生素含量是稻米、小麦的5~10倍，宝宝常食一些可以促进肠道蠕动，预防便秘。

4 100克黄玉米含14毫克钙，宝宝常食可帮助补钙。

5 玉米富含的谷胱甘肽，是一种抗癌因子，能使人体内多种致癌物质失去致癌性。

Tips

宜选购鲜玉米给宝宝做辅食，鲜玉米颜色金黄，表面光亮，颗粒整齐、饱满，用指甲轻轻掐，能够掐出水。

• 营养师教你营养搭配

玉米 + 鸡蛋

玉米富含胡萝卜素、黄体素和玉米黄质等，鸡蛋含丰富蛋白质，二者搭配，能提高宝宝视力，促进宝宝的生长发育。

推荐宝宝餐：鸡蛋玉米汤（8个月以上宝宝）

玉米 + 豆腐

玉米和豆腐一起食用，可以帮助赖氨酸、硫氨酸的营养互补，且豆腐中含有的尼克酸能促进玉米中蛋白质的吸收。

推荐宝宝餐：玉米豆腐汤（6个月以上宝宝）

• 这样烹调最健康

1 玉米去皮、磨碎或者煮熟后打碎，给宝宝食用，能保证玉米营养保留完整，更好地被利用。

2 用玉米面做粥时，加点小苏打能使其中的烟酸释放出来，被宝宝身体更好地吸收。

• 让宝宝更爱吃的做法

玉米磨碎后做成粥也是比较粗糙的，所以很多宝宝不喜欢吃。这时我们可以把玉米粒放入搅拌机中打成玉米汁给宝宝喝，不仅味道可口，营养价值也丰富。

鸡蛋玉米汤 提高视力

适合年龄
8个月以上

材料：玉米粒 50 克，鸡蛋 60 克。

营养师这样做

1. 玉米粒洗净，打成玉米茸；鸡蛋取蛋黄打散。
2. 玉米茸放沸水锅中不停搅拌，煮沸后，淋入蛋黄液搅匀即可。

对宝宝的好处

玉米富含胡萝卜素、黄体素和玉米黄质等，能提高宝宝视力；鸡蛋含丰富蛋白质，有助于促进宝宝的生长发育。

适合年龄
1岁以上

牛奶玉米羹

补充钙质、健脾开胃

材料：牛奶 250 克，玉米面 50 克。

调料：黄油、碎肉茸各适量，盐 2 克。

营养师这样做

1. 锅内倒入适量清水，加入碎肉茸，用小火煮开。
2. 玉米面用少许水调稀，倒入肉茸水中，小火煮 3~5 分钟，加盐搅拌至变稠。
3. 粥倒入碗中，加入牛奶和黄油搅匀，凉凉即可。

对宝宝的好处

牛奶富含蛋白质、维生素及钙、钾、镁等矿物质，玉米具有益肺宁心、健脾开胃、健脑之功效。

适合年龄
1岁以上

玉米银耳枸杞豆浆

调节免疫力

材料：黄豆 25 克，玉米粒 50 克。

调料：银耳、枸杞子各 5 克，冰糖 4 克。

营养师这样做

1. 黄豆用清水浸泡 8~12 小时，洗净；银耳用清水泡发，择洗干净，撕成小朵；枸杞子洗净，泡软；玉米粒淘洗干净，用清水浸泡 2 小时。
2. 将黄豆、银耳、枸杞子、玉米粒一同倒入全自动豆浆机中，加水至上下水位线之间，按下“豆浆”键，煮至豆浆机提示豆浆做好，加冰糖搅拌至化开即可。

红薯

宝宝体内酸碱平衡的调节剂

宝宝开始添加月龄：6 个月

哪些宝宝不适合吃：红薯有导泻的效果，所以腹泻的宝宝不适合食用。

• 对宝宝的好处

1 红薯营养丰富，味道甘甜，口感软嫩，非常适合刚添加辅食的宝宝食用。

2 红薯中所富含的可溶性膳食纤维有助于促进宝宝肠道益生菌的繁殖和提高机体的免疫力。

3 红薯富含淀粉、维生素 C、维生素 B_1、胡萝卜素、钾等营养成分，热量较高，但不含脂肪。经常给宝宝吃些红薯，有助于宝宝体内的酸碱平衡，还可促进宝宝排便，对宝宝的胃也有温养作用。

4 红薯中赖氨酸和精氨酸含量都较高，对宝宝的发育和抗病能力都有良好作用。

5 红薯中还含有一种叫作“脱氧异雄固酮”的物质，具有抗癌作用。

6 经常给宝宝吃些红薯，有助于宝宝体内的酸碱平衡，让宝宝少生病。

Tips

红薯带皮烹调可保存住更多的营养素，清洗时不用使太大的劲，可选择软毛刷轻轻刷洗掉表皮脏物。

• 营养师教你营养搭配

红薯 + 玉米面

红薯和玉米面搭配食用，可以实现蛋白质互补。

推荐宝宝餐：红薯玉米面粥（8 个月以上宝宝）

红薯 + 大米

红薯富含膳食纤维，大米富含碳水化合物，二者搭配食用，可以健脾养胃，还可减轻食入红薯后易出现的腹胀等现象。

推荐宝宝餐：红薯米汤（6 个月以上宝宝）

• 这样烹调最健康

1 红薯中的淀粉颗粒不经高温破坏，宝宝吃了难以消化，因此红薯一定要蒸熟煮透再吃。

2 红薯去皮切块后要尽快烹调，不要久放，以免其氧化变黑，影响美观和营养成分。

• 让宝宝更爱吃的做法

如果给宝宝做红薯泥、红薯粥不太喜欢吃，妈妈可以自制红薯干，既有韧劲儿，又不太坚硬，也不用担心宝宝噎着，还干净卫生。具体做法：将新鲜的红薯洗净，去皮，切成条状，蒸熟，晒至半干即可。

红薯米汤 保护肠道健康

适合年龄 6个月以上

材料：大米20克，红薯10克。

营养师这样做

1 大米洗净，沥干，放入搅拌器中磨碎；红薯洗净，蒸熟，然后去皮捣碎。
2 把大米碎和适量水倒入锅中，用大火煮开后，放红薯碎，调小火煮开，过滤取汤糊即可。

对宝宝的好处

红薯含有丰富的膳食纤维，搭配大米食用，既可以保护肠道健康，还能促进肠道内废物排出体外，对调理宝宝便秘有一定的好处。

适合年龄 1岁以上

红薯菜花粥 提高免疫力

材料：大米20克，红薯30克，菜花10克。

营养师这样做

1 大米洗净；红薯洗净，蒸熟，去皮捣碎；菜花用开水烫一下，去茎部，捣碎。
2 将大米和适量清水放入锅中，大火煮开，放入红薯碎和菜花碎，再调小火煮至软烂即可。

对宝宝的好处

红薯富含膳食纤维，能促进食物的消化吸收，菜花能增强免疫力，两者搭配食用，能满足宝宝成长所需，提高机体免疫力。

适合年龄 1岁以上

红薯拌南瓜 保护脾胃

材料：红薯、南瓜各50克，配方奶100克。

营养师这样做

1 红薯洗净，去皮，切方丁，煮熟；南瓜洗净，去皮、去瓤和子，切方丁，用沸水煮软，捞出沥水。
2 将红薯丁、南瓜丁加配方奶搅拌在一起即可。

对宝宝的好处

南瓜养胃，红薯促消化，二者搭配食用，对保护宝宝肠胃系统健康有益。

燕麦

调理胃肠、防止便秘

宝宝开始添加月龄：6 个月

哪些宝宝不适合吃：过敏体质的宝宝吃燕麦宜从少量开始，慢慢增加进食量，同时注意观察，防止过敏反应发生。

• 对宝宝的好处

1 燕麦是谷物中脂肪含量最高的，而且大部分脂肪是单不饱和脂肪、亚麻酸、亚油酸等，这些营养物质可以促进宝宝大脑发育，保护宝宝的心血管健康。

2 燕麦中独特的皂苷素可以调节宝宝的肠胃功能，防止宝宝出现便秘。

3 燕麦中还含有宝宝成长发育所必需的 8 种氨基酸，例如赖氨酸和色氨酸，前者可益智、健骨，后者可预防贫血。

4 燕麦中含有丰富的亚油酸，对于加速宝宝身体新陈代谢具有明显的功效。

Tips

燕麦中含有水溶性膳食纤维，清洗时将其中的杂物去除即可，不可过度揉搓。

• 营养师教你营养搭配

燕麦 + 核桃

燕麦富含丰富膳食纤维，可促进肠胃蠕动，帮助排便，改善血液循环；核桃仁含有丰富的卵磷脂，可以提高宝宝记忆力，增强智力，两者搭配食用，可以健脑益智、预防便秘。

推荐宝宝餐： 核桃燕麦粥（1 岁以上宝宝）

• 这样烹调最健康

1 燕麦中缺少维生素 C 和矿物质，烹调时宜加入一些水果，如苹果等，让宝宝摄取更加丰富的营养。

2 煮燕麦片给宝宝吃的时候，避免高温煮和长时间煮，以防止其中的维生素被破坏，可事先用温水浸泡一段时间。生燕麦片煮 20～30 分钟即可；熟燕麦片 5 分钟即可。

• 让宝宝更爱吃的做法

如果单独做燕麦粥，宝宝不太爱吃的话，对 1 岁以上宝宝可以添加点牛奶等，这样口感香甜可口，而且还能补钙，是非常不错的选择。此外，也可以在里面加点瘦肉末，做成咸粥，也能增强宝宝的食欲。

苹果燕麦糊

提供多种必需氨基酸

材料：苹果50克，牛奶100克，熟燕麦片20克。

营养师这样做

1 苹果去皮和核，洗净，切小块。

2 将苹果块、燕麦片、牛奶一起加入搅拌机打成糊状，微波炉稍加热即可。

对宝宝的好处

苹果中富含膳食纤维和锌元素，能促进宝宝肠胃蠕动，提高记忆力；燕麦能提供多种必需的氨基酸，二者搭配食用，能促进宝宝的健康发育。

适合年龄
1岁以上

核桃燕麦粥 提高记忆力

材料：燕麦、大米各20克，核桃仁10克。

调料：枸杞子3克。

营养师这样做

1 大米、燕麦洗净，燕麦用清水浸泡2个小时；核桃仁洗净；枸杞子洗净。

2 锅置火上，倒入适量水煮沸，放入大米、燕麦煮沸，转小火熬煮，加核桃仁、枸杞子煮20分钟即可。

对宝宝的好处

核桃仁可以提高宝宝记忆力，增强智力；燕麦可以帮助排便，改善血液循环。

适合年龄
1岁以上

燕麦芝麻豆浆 宽肠通便

材料：黄豆、熟黑芝麻各10克，燕麦20克。

调料：冰糖1克。

营养师这样做

1 黄豆用清水浸泡10~12小时，洗净；燕麦洗净，用清水浸泡2小时；黑芝麻挑出杂质，擀碎。

2 将黄豆、燕麦和黑芝麻碎倒入全自动豆浆机中，加水至上下水位线之间，按下“豆浆”键；煮至豆浆机提示豆浆做好，过滤后加冰糖搅拌至化开即可。

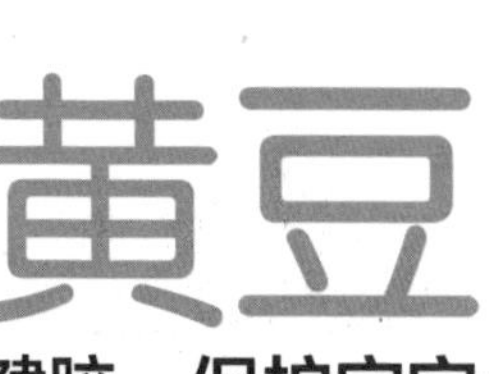

黄豆

健脑、保护宝宝心血管

宝宝开始添加月龄：9 个月

哪些宝宝不适合吃：黄豆容易产生胀气，所以腹胀的宝宝不宜食用。

• 对宝宝的好处

1 黄豆富含不饱和脂肪酸和黄豆磷脂，两者可促进宝宝大脑发育，有健脑的功效。

2 黄豆中所含的异黄酮是一种植物性雌激素，它能保护宝宝的心血管、稳定情绪、抗癌等。

3 黄豆中含有的氨基酸种类较全面，尤其赖氨酸含量丰富，其与谷类搭配食用可弥补谷类赖氨酸不足的缺陷，还可起到蛋白质互补的作用。

4 黄豆富含蛋白质，含多种人体必需的氨基酸，可提高人体免疫力。

Tips

黄豆中含有抑制消化酶的成分，给宝宝食用之前一定要经过充分的浸泡和加热。黄豆烹调要熟透，千万不要给宝宝吃生黄豆或烹调不熟的黄豆，因为对宝宝的身体健康有害。

• 营养师教你营养搭配

黄豆 + 谷类

黄豆中赖氨酸含量丰富，其与谷类搭配食用既可弥补谷类赖氨酸含量不足的缺陷，还可起到蛋白质互补的作用。

推荐宝宝餐：黄豆鱼肉粥（10 个月以上宝宝）

黄豆 + 南瓜

南瓜富含膳食纤维和胡萝卜素，能够保护宝宝肠胃和视力，与黄豆搭配可加强胃肠蠕动，促进食物消化，还能调节免疫。

推荐宝宝餐：南瓜黄豆粥（10 个月以上宝宝）

• 这样烹调最健康

1 将黄豆榨成豆浆或者做成豆腐给宝宝喂食，这样宝宝才能够更好地吸收黄豆所含的营养物质。

2 煮黄豆前先将黄豆用水泡一会儿，在煮的时候放一些盐，这样不仅容易煮熟，也更容易入味。

• 让宝宝更爱吃的做法

黄豆本身有一种豆腥味，有些宝宝会不喜欢吃，这时可将黄豆做成豆腐脑。豆腐脑比较软嫩，且营养丰富易消化，食用也比较方便，但是给宝宝吃的时候要注意适量。

南瓜黄豆粥 调节宝宝免疫

材料：南瓜 80 克，黄豆 15 克，碎米 25 克。

营养师这样做

1 黄豆洗净，用清水泡 30 分钟；南瓜去皮、去子和瓤，洗净，切块；碎米洗净。

2 取粥锅，加入碎米、黄豆、南瓜块和适量清水，大火煮沸 30 分钟换小火煮 10 分钟即可。

对宝宝的好处

南瓜中的膳食纤维能加速肠胃蠕动，促进体内废物排出，黄豆富含蛋白质，二者搭配食用能调节宝宝身体免疫。

适合年龄
10个月以上

黄豆鱼肉粥 益智、强骨

材料：黄豆 10 克，青鱼 20 克，白粥 50 克。

营养师这样做

1 将黄豆洗净，加水煮至熟烂；青鱼洗净去皮，切成碎。

2 白粥煮开，放入黄豆煮至熟透，放入青鱼碎，大火煮熟即可。

对宝宝的好处

鱼肉富含卵磷脂，黄豆富含钙质，两者搭配食用，能健脑益智，强壮身体。

适合年龄
1岁以上

蛋黄豆浆 促进大脑发育

材料：黄豆 10 克，煮鸡蛋黄碎 30 克。

营养师这样做

1 黄豆用清水浸泡 8～12 小时，洗净。

2 将黄豆倒入全自动豆浆机中，加水按下“豆浆”键，煮至豆浆机提示豆浆做好，过滤后加鸡蛋黄碎搅拌均匀即可。

对宝宝的好处

蛋黄是物美价廉的健脑益智食品，加入了蛋黄的豆浆，富含卵磷脂和 DHA，能促进宝宝的脑部发育，有增强记忆力、健脑益智的功效。

土豆

帮助宝宝抗病毒

宝宝开始添加月龄：6 个月

哪些宝宝不适合吃：对土豆过敏的宝宝不要吃。

• 对宝宝的好处

1 土豆营养丰富，被赞为“地下苹果”。它热量较低，所含的淀粉易消化，利肠胃，宝宝常食有利于身体快速成长。

2 土豆能满足人体全部营养需求的 90% 以上，其所含蛋白酶能帮助宝宝抵抗病毒。

3 土豆还含有维生素 C，它可以帮助改善宝宝的情绪和精神状态。

4 土豆含有的膳食纤维可帮助便秘的宝宝，促进排泄，预防便秘。

Tips

土豆饱腹感强，可以用来代替米饭、馒头等主食，适合给有减肥需要的宝宝食用，宜选择蒸、煮的方法，且烹调时不加油、盐。

• 营养师教你营养搭配

土豆 + 菜花

土豆富含丰富的膳食纤维，菜花能增强宝宝的抵抗力，二者搭配食用能促进肠胃蠕动，帮助肠道排毒，增强宝宝身体的免疫力。

推荐宝宝餐：菜花土豆泥（1.5 岁以上宝宝）

• 这样烹调最健康

带皮蒸整个土豆营养损失少，尤其是维生素 C 能保留 80% 以上，而碳水化合物、矿物质、膳食纤维都没有什么损失，还会使其中的淀粉颗粒充分糊化，使它在体内更容易被消化分解，不会给宝宝肠胃带来负担，所以很适合较小的宝宝食用。

• 让宝宝更爱吃的做法

可以将土豆整个蒸熟，去皮捣成泥状；苹果去皮、去核，洗净，切成小块蒸熟，捣成泥状，将土豆泥和苹果泥放在一起搅拌均匀，就是香甜的土豆苹果泥了。或者将土豆、胡萝卜切丁煮熟后，浇上苹果、葡萄、橘子等水果汁，做成果味土豆沙拉，无论色彩还是风味，都能勾起宝宝的食欲。

大米土豆羹 利尿、助排泄

材料： 大米 20 克，土豆 10 克。

营养师这样做

1 大米洗净，用搅拌器磨碎；蒸熟土豆，去皮捣碎。

2 锅中放入大米和水，大火煮开，放入土豆泥转小火煮烂，用过滤网过滤，取汤糊即可。

对宝宝的好处

土豆富含钾元素，有利尿作用，能帮助宝宝排泄体内多余的水分和部分废物。

适合年龄
10个月以上

茄汁土豆泥 健脾胃、保护视力

材料： 土豆 80 克，番茄 20 克，洋葱 5 克，熟红豆 2 颗。

营养师这样做

1 土豆洗净，蒸熟，去皮捣成泥；洋葱洗净，切末；番茄洗净，去皮切碎。

2 锅置火上，先将番茄碎炒出汁，再炒香洋葱末，最后和土豆泥炒匀。

3 用模型做成小熊头的形状，然后用熟红豆做小熊的眼睛即可。

适合年龄
1.5岁以上

菜花土豆泥 增强免疫力

材料： 土豆 50 克，菜花 30 克，猪瘦肉 20 克。

调料： 盐 1 克，植物油适量。

营养师这样做

1 菜花洗净，煮熟后切碎；土豆煮熟后去皮，压成泥；猪瘦肉洗净，剁成末。

2 锅内倒油烧热，煸炒猪瘦肉末，然后与土豆泥、菜花碎混合，加入盐拌匀即可。

对宝宝的好处

菜花富含维生素 C，能帮助肝脏解毒，土豆富含淀粉，能为宝宝提供基础能量，二者搭配食用能调节免疫力。

南瓜

保护宝宝视力的卫士

宝宝开始添加月龄：6 个月

哪些宝宝不适合吃：南瓜性温，胃热的宝宝不宜食用。

• 对宝宝的好处

1 南瓜含有膳食纤维、B 族维生素、维生素 C、铁、磷等，因而，南瓜能为宝宝提供全面的营养，具有提高宝宝免疫力的功效，为宝宝健康成长提供保障。

2 南瓜含有丰富的果胶，具有保护宝宝胃肠道黏膜的作用。

3 南瓜中胡萝卜素的含量较高，可以保护宝宝的视力。

4 南瓜能调节胰岛素的平衡，维持正常的血压和血糖，也是肥胖宝宝的理想减肥食品。

5 南瓜色泽鲜艳，口感适中，还能增强宝宝食欲。

Tips

吃南瓜时，不要搭配红薯一起给宝宝喂食，两者易导致滞气，在一起搭配吃很容易导致宝宝出现肠胃气胀、腹痛、吐酸水等症状。

• 营养师教你营养搭配

南瓜 + 牡蛎

南瓜中含丰富的膳食纤维，牡蛎是含锌量最丰富的食物之一。两者搭配食用，可促进宝宝肠胃蠕动，增强食欲。

推荐宝宝餐：牡蛎南瓜羹（1 岁以上宝宝）

• 这样烹调最健康

1 将南瓜蒸熟、打成泥糊或做成清淡的南瓜粥给宝宝吃，有助于宝宝的消化吸收，还能促进宝宝食欲。

2 南瓜外皮的营养价值比果肉部分高，所以烹调时不宜去皮太厚，这样有利于减少营养的流失。

3 南瓜给宝宝做辅食，要先切再煮，因为块的大小不同会导致煮出来食物的软硬度不同。

• 让宝宝更爱吃的做法

如果宝宝不喜欢南瓜的味道，建议妈妈可以加入洋葱、奶酪、牛奶等味道稍重的食材来搭配制作成南瓜餐点，如南瓜海鲜浓汤、南瓜奶酪饼、南瓜咖喱饭等；或是代替土豆，加入肉馅儿及少量调味料，油炸制成南瓜饼，就可以打开宝宝的味蕾。此方法适用于 2 岁以上的宝宝。

南瓜奶糊 健脾养胃、补钙

材料：南瓜 30 克，配方奶 50 克。

营养师这样做

1 南瓜洗净，去子、去瓤和皮，加水煮软。
2 用研磨器将南瓜磨成糊状，加入配方奶，搅拌均匀即可。

对宝宝的好处

南瓜中膳食纤维含量较丰富，其有助于宝宝排便，配方奶能够给宝宝提供优质的蛋白质、维生素、钙等物质，二者搭配，有利于宝宝的生长发育。

适合年龄
1岁以上

牡蛎南瓜羹 增强食欲

材料：南瓜 100 克，鲜牡蛎 20 克。
调料：盐 1 克，葱丝、姜丝各 3 克。

营养师这样做

1 南瓜去皮、去瓤和子，洗净，切成细丝；牡蛎洗净，切成丝。
2 汤锅置火上，加入适量清水，放入南瓜丝、牡蛎丝、葱丝、姜丝，加入盐调味，大火烧沸，改小火煮，盖上盖熬成羹状即可。

对宝宝的好处

牡蛎是含锌量最丰富的食物之一，而且味道鲜美，是宝宝补充锌元素的最佳食品之一。南瓜中含丰富的膳食纤维，可以促进宝宝消化。

适合年龄
1岁以上

南瓜米粉 保护胃肠道黏膜

材料：米粉 50 克，南瓜 30 克，瘦肉丝 15 克，海米少许，干香菇 5 克。
调料：植物油适量。

营养师这样做

1 米粉先泡软化；南瓜洗净，去子、去瓤和皮，切成丝；干香菇泡软，切丝；海米泡水。
2 锅内倒油烧热，炒香香菇丝和海米，再加入瘦肉丝、南瓜丝一起炒熟，加水没过炒料，再放入米粉略炒拌匀即可。

对宝宝的好处

南瓜能保护胃肠道黏膜，帮助食物消化。

胡萝卜

提高宝宝免疫力的“魔法棒”

宝宝开始添加月龄：6 个月

哪些宝宝不适合吃：体弱气虚的宝宝不宜食用。

• 对宝宝的好处

1 胡萝卜中胡萝卜素的含量很高，它能在小肠黏膜和肝脏胡萝卜素酶的作用下转变成维生素 A，其可以促进宝宝生长发育、保护眼睛、抵抗传染病，是宝宝不可缺少的维生素。

2 胡萝卜被称为“小人参”，宝宝食用后，有健脾和胃、补肝明目、清热解毒等功效。

3 宝宝常吃些胡萝卜，可以帮助大脑增强记忆，保护大脑的思维功能，有益于大脑健康。

Tips

胡萝卜虽然健康益处很多，但是也不宜摄取过多，否则其所含的胡萝卜素会在体内沉积，造成皮肤发黄。红黄色的蔬菜和水果如果摄取过多都易发生此类情况，因此食用时一定要注意用量。

• 营养师教你营养搭配

胡萝卜 + 红枣

胡萝卜中含有丰富的胡萝卜素；红枣含有丰富的铁，两者搭配食用，可以保护宝宝的视力，预防缺铁性贫血。

推荐宝宝餐：胡萝卜红枣汤（1 岁以上宝宝）

• 这样烹调最健康

1 胡萝卜富含的 β－胡萝卜素遇酸会被分解，因此烹调胡萝卜时不宜加醋，否则会破坏其所含的 β－胡萝卜素，使营养价值大大降低。

2 胡萝卜里的 β－胡萝卜素是脂溶性物质，如果想最大限度地摄取 β－胡萝卜素，则最好用油炒或与肉同食，这样更有利于 β－胡萝卜素的吸收。

• 让宝宝更爱吃的做法

大多数的宝宝都不喜欢胡萝卜的味道，这让妈妈们很头疼。怎么能让宝宝乖乖吃下胡萝卜呢？请看妙招：胡萝卜与肉、蛋、猪肝等搭配着吃，可以掩盖胡萝卜的味儿；或者把胡萝卜剁得很细，放在肉馅儿中做成丸子或与其他剁碎的食材包成饺子，隐藏在宝宝们喜欢吃的菜里面，他们发现不了，就会吃了！

胡萝卜羹 健脾、明目

材料：胡萝卜50克，肉汤100克。

营养师这样做

1 胡萝卜蒸熟在碗里捣碎，加入肉汤，倒入锅中同煮。
2 胡萝卜熟烂即可。

对宝宝的好处

胡萝卜中含有丰富的胡萝卜素，进入人体后会转化为维生素A，对保护宝宝眼睛健康有一定的好处。

适合年龄
10个月以上

白菜胡萝卜汁 滋润皮肤

材料：胡萝卜20克，白菜叶15克。

营养师这样做

1 白菜叶洗净，切段；胡萝卜洗净，切片。
2 白菜段和胡萝卜片放在锅里煮烂，带一些煮菜的水一起放入榨汁机中榨成汁即可。

对宝宝的好处

白菜和胡萝卜含有丰富的维生素，打成汁喂给宝宝，能滋润皮肤。

适合年龄
1岁以上

胡萝卜红枣汤 健脾养胃

材料：胡萝卜120克，红枣8枚。

营养师这样做

1 胡萝卜洗净切片；红枣洗净，用温水浸泡。
2 将胡萝卜片、红枣放入锅内，加适量清水，用小火煮熟即可。

对宝宝的好处

胡萝卜味甘性平，具有健脾化滞的功效；红枣味甘性平，具有健脾养胃、补血止血的功效。二者搭配炖汤，能健脾养胃。

番茄

守卫宝宝健康的抗氧化剂

宝宝开始添加月龄：5 个月

哪些宝宝不适合吃：患有腹泻等肠胃疾病的宝宝不宜吃番茄

• 对宝宝的好处

1 番茄味道鲜美，营养丰富，含有 13 种维生素和 17 种矿物质，被称为“神奇的菜中水果”。其中番茄红素的含量在所有蔬果中最高，作为强抗氧化剂，它能够帮助宝宝预防多种癌症，还可促进其大脑发育。

2 番茄所含的胡萝卜素在人体能转化为维生素 A，可促进骨骼生长、防止眼睛干涩以及某些皮肤病等。

3 番茄还是维生素 C 的最佳来源，经过烹调后的番茄，其中的维生素 C 非常利于人体吸收，常吃可以帮助宝宝预防坏血病。

4 番茄富含的苹果酸、柠檬酸，有助于促进宝宝的消化，调节胃肠功能，清理肠道毒素，更好地满足宝宝成长发育的需要。

Tips

一定不要给宝宝吃未成熟的青番茄，因为未成熟的番茄中含有龙葵碱，对肠胃黏膜有较强的刺激，并对神经有麻痹作用，会引起呕吐、头晕等不适症状。

• 营养师教你营养搭配

番茄＋鸡蛋

番茄富含维生素 C，鸡蛋营养较全面，却缺乏维生素 C，两者搭配可使营养更完善，给宝宝食用，同时补充蛋白质和维生素 C，具有滋补、美容的功效。

推荐宝宝餐：番茄荷包蛋（1.5 岁以上宝宝）

• 这样烹调最健康

1 给宝宝煮番茄时，可以加入少许的醋，帮助破坏所含的有害物质番茄碱，更好地吸收番茄中的其他营养素。

2 番茄在烹饪时，宜快速炒熟，这样有利于对维生素的保存，防止流失。

3 烹调番茄时，一定要将番茄的皮去除干净，再做给宝宝吃，防止宝宝卡住。

• 让宝宝更爱吃的做法

番茄生吃熟吃，营养不同。给宝宝生吃番茄可更好地吸收维生素 C，熟吃则可使其更好吸收番茄红素，因为番茄中的番茄红素是脂溶性的，经油炒后能更好地被吸收利用。

此外，番茄洗净，切瓣，用白糖凉拌着吃，也是不错的吃法。

番茄鳜鱼泥 促进神经系统发育

材料： 番茄 50 克，鳜鱼 150 克，葱花 3 克。

营养师这样做

1 番茄洗净，放沸水中烫一下，去皮，切块；鳜鱼洗净，去除内脏、骨和刺，剁成鱼泥。

2 锅置火上，倒油烧热，爆香葱花，再放入番茄煸炒，加适量清水煮沸，加入鳜鱼泥一起烧 30 分钟，撒葱花即可。

对宝宝的好处

鳜鱼富含不饱和脂肪酸，非常有助于宝宝神经系统的发育。

适合年龄
1岁以上

肉末番茄 增进食欲

材料： 番茄 20 克，肉末 10 克。

调料： 肉汤少许。

营养师这样做

1 将番茄洗净，用热水烫后，去皮，切碎。

2 锅中放肉汤，下入番茄碎、肉末，边煮边搅拌，并用勺子背面将其压成糊状即可。

对宝宝的好处

番茄含有柠檬酸、苹果酸、番茄红素等，能促进食物消化，保持肠道健康。此外，番茄中富含的膳食纤维，也能促进肠胃蠕动，预防宝宝便秘。

适合年龄
1.5岁以上

番茄荷包蛋 增强免疫力

材料： 鸡蛋 1 个，番茄 100 克，菠菜 20 克。

调料： 盐 1 克，葱丝 3 克，水淀粉 10 克，植物油适量。

营养师这样做

1 番茄用开水烫一下，去皮、去子，切成小片；菠菜洗净，焯水，切成小段。

2 锅置火上，加适量清水烧开，打入鸡蛋，将鸡蛋煮熟成荷包蛋。

3 另取净锅，放油烧热，下入葱丝煸炒，再下入番茄片煸炒。

4 将煮熟的荷包蛋及水倒入番茄锅中，加上盐、菠菜段烧开，用水淀粉勾芡即可。

洋葱

防感冒、促生长

宝宝开始添加月龄：9 个月

哪些宝宝不适合吃：洋葱含有大蒜素，所以患有皮肤瘙痒症和眼部疾病的宝宝不宜食用。

• 对宝宝的好处

1 洋葱含有人体必需的维生素和矿物质，其中的微量元素硒在洋葱中含量很高。硒是很强的抗氧化剂，能增强细胞活力、代谢能力。在国外，洋葱被誉为“菜中皇后”，可见其营养价值之高。因此，正在快速生长的宝宝尤其适宜进食。

2 洋葱中含有大蒜素，能杀菌消炎，可以帮助宝宝预防感冒。近年来，科学家研究发现，常吃洋葱能提高骨密度，有助于促进宝宝骨骼生长。

Tips

市面上常见的洋葱分为紫皮和白皮两种，一般来说，白皮洋葱比较适合生食、烘烤、炖煮等；紫皮洋葱比较适合炒着吃，可根据需要有侧重地进行选择。

• 营养师教你营养搭配

洋葱 + 鸡蛋

洋葱富含维生素 C，但易被氧化；鸡蛋中的维生素 E 可以有效防止维生素 C 的氧化。二者搭配食用，可以提高宝宝对维生素 C 和维生素 E 的吸收率。

推荐宝宝餐：洋葱摊蛋（1.5 岁以上宝宝）

• 这样烹调最健康

1 烹调洋葱时，油温不宜过高，宜用慢火加热，这除了能保护其所含营养外，还可以使它有漂亮的外观，从而促进宝宝的食欲。

2 由于洋葱里面的营养大多数保存在外层中，因此在烹调洋葱时，千万不能丢掉洋葱外面的几层。

• 让宝宝更爱吃的做法

将洋葱捣成泥状，然后与鸡蛋一起做成鸡蛋羹。考虑到洋葱有一种特殊的味道，宝宝可能不爱吃，可以往鸡蛋里面放些牛奶或者其他宝宝喜欢的食物，这样容易提高宝宝的食欲。也可以将洋葱切碎，选择番茄、苦瓜、苹果、鸡蛋等任意食材，一起和面，做成软饼，做的时候可以做成各种小动物或者其他可爱的形状，这样更容易勾起宝宝的兴趣。

香芹洋葱蛋黄羹 发散风寒

材料：洋葱10克，鸡蛋50克，香芹20克。

调料：玉米淀粉10克，鸡汤适量。

营养师这样做

1. 香芹洗净，切小段；洋葱洗净，切碎；鸡蛋分离出蛋黄，将其打散。
2. 锅中加水，入鸡汤、香芹和洋葱煮开。
3. 将蛋黄液慢慢倒入汤中，轻轻搅拌。
4. 玉米淀粉加水搅开，倒入锅中烧开，至汤汁变稠即可。

适合年龄
1.5岁以上

洋葱摊蛋 促进宝宝生长

材料：洋葱20克，鸡蛋1个。

调料：盐1克，植物油适量。

营养师这样做

1. 洋葱洗净，去蒂，切小薄片；鸡蛋打散。
2. 锅加热，放入适量油，七成热后倒入洋葱片，翻炒，淋入鸡蛋液，小火翻炒，加盐调味即可。

对宝宝的好处

洋葱可杀菌消毒，鸡蛋营养全面，两者搭配食用可以促进宝宝快速成长。

适合年龄
1.5岁以上

香酥洋葱圈 促进食欲

材料：洋葱50克，鸡蛋1个，面粉25克。

调料：盐1克。

营养师这样做

1. 将洋葱切成环形圈，用盐腌一下待用。
2. 面粉加水、鸡蛋、盐搅拌均匀制成糊，把腌好的洋葱裹上糊，下入油锅中炸至表面金黄色即可。

对宝宝的好处

将洋葱炸成圈圈，宝宝方便拿着吃，还能增强宝宝的食欲。

菠菜

补铁的优质蔬菜

宝宝开始添加月龄：6 个月

哪些宝宝不适合吃：菠菜性凉，腹泻的宝宝不宜食用。

• 对宝宝的好处

1 菠菜的营养价值在绿叶蔬菜中名列前茅。其所含的丰富的维生素、叶绿素及抗氧化剂等物质，能为宝宝的脑细胞代谢提供最佳的营养补充，具有健脑益智的作用。

2 菠菜中含有维生素 B_6、维生素 K、叶酸、钾、膳食纤维等营养物质，因而食用菠菜可增强宝宝的免疫机能，增强抗病能力。

3 菠菜还富含膳食纤维，能促进宝宝肠胃消化和吸收功能，能缓解宝宝的便秘，对宝宝成长发育十分有益。

4 菠菜中所含的胡萝卜素进入宝宝体内后会转变成维生素 A，对宝宝的眼睛有保护作用。

Tips

菠菜虽好，但给宝宝食用要适量。有的爸爸妈妈认为菠菜营养丰富，一到春天每顿饭都有菠菜，这也是不可取的。蔬菜与其他食材合理搭配才更有益于健康。

• 营养师教你营养搭配

菠菜 + 猪肝

猪肝含丰富的铁，能预防缺铁性贫血，菠菜有滋阴补血的功效。二者搭配食用可预防宝宝发生缺铁性贫血。

推荐宝宝餐：菠菜猪肝汤（1.5 岁以上宝宝）

• 这样烹调最健康

1 菠菜含草酸较多，有碍宝宝身体对钙的吸收，所以给宝宝烹调菠菜时宜先用沸水烫软，以免影响身体对钙质的吸收。

2 烹制菠菜时，尤其是炒制时，最好不要放醋之类的酸性调味料，以免破坏其营养价值。

3 菠菜根中含有纤维素、维生素、铁等多种营养成分，是药食两用的好食材，因此烹调菠菜时最好不去根。

• 让宝宝更爱吃的做法

用水焯过的菠菜，可以榨成菠菜汁，和面粉和在一起包饺子，颜色鲜亮，能增强宝宝的食欲。也可以将菠菜剁碎，加上鸡蛋、面粉烙成金黄色的菠菜饼，给宝宝吃。具体根据宝宝月龄选择不同的菠菜烹调方法：一般 6 个月开始，可以吃菠菜叶汁，7 个月吃菜叶碎，10 个月可以吃很小的菠菜叶片。

奶油菠菜 维护宝宝视力

材料： 菠菜叶 100 克，奶油 20 克。

调料： 盐 1 克，黄油少许。

营养师这样做

1. 菠菜叶洗净，用沸水焯烫，切碎。
2. 锅置火上，放黄油化开，下菠菜碎煮 2 分钟至熟，加奶油、盐拌匀即可。

对宝宝的好处

菠菜中的胡萝卜素进入宝宝体内会转化为维生素 A，对维持宝宝视力有一定的好处。

适合年龄
1.5岁以上

菠菜猪肝汤 辅助治疗贫血

材料： 鲜猪肝 50 克，菠菜 150 克。

调料： 酱油 5 克，淀粉、香油各适量。

营养师这样做

1. 鲜猪肝洗净，切片，用淀粉上浆；菠菜洗净，焯水后切段。
2. 锅内倒适量水烧开，放入猪肝片，加酱油烧开，再加入菠菜段烧沸，淋上香油即可。

对宝宝的好处

菠菜富含维生素 C，猪肝富含铁，两者搭配食用，能促进铁的吸收，有助于辅助治疗宝宝贫血。

适合年龄
1.5岁以上

燕麦菠菜粥

提高免疫力、强壮骨骼

材料： 燕麦片 30 克，菠菜 100 克，鸡蛋 60 克，排骨汤 300 克。

营养师这样做

1. 鸡蛋打散；菠菜洗净，切碎。
2. 排骨汤倒入锅中烧开，加入燕麦片，转中火熬煮 5 分钟，直至燕麦片软烂，将蛋液、菠菜碎加入燕麦粥中，再次烧开，转小火继续煮 2 分钟即可。

对宝宝的好处

此粥鲜香滑润，可口又营养，易消化，加入的蔬菜可按季节和宝宝的口味进行更换和调整。

西蓝花

吃出宝宝自己的免疫力

宝宝开始添加月龄：6个月

哪些宝宝不适合吃：胃肠功能不好的宝宝不宜多食西蓝花，否则易导致胃肠不适。

• 对宝宝的好处

1 西蓝花的营养价值位居同类蔬菜之首，它的维生素C的含量相当于大白菜的4倍，维生素B_2与胡萝卜素的含量分别为大白菜的2倍和8倍，可以为宝宝提供丰富的营养物质，应经常给宝宝食用。

2 西蓝花所含的叶酸除为身体制造红细胞外，还参与细胞的分裂，对于成长期的宝宝来说，西蓝花能给宝宝提供可观的叶酸，避免宝宝出现贫血或发育不良。

3 西蓝花还含有维生素K，其可在宝宝受到小小的碰撞和伤害后，不至于使皮肤变得青一块紫一块。

Tips

清洗时，将西蓝花放入淡盐水中浸泡10分钟（水量要以没过西蓝花为宜），可以将藏匿在花柄缝隙处的菜虫逼出来。

• 营养师教你营养搭配

西蓝花＋胡萝卜

西蓝花富含维生素C、维生素B_2和胡萝卜素等，营养价值较高，胡萝卜含有丰富的胡萝卜素，这两者搭配食用，能促进宝宝生长发育，还有护眼明目的作用。

推荐宝宝餐：西蓝花烩胡萝卜（2岁以上宝宝）

• 这样烹调最健康

1 烹调西蓝花尽量选择短时间加热的方法，断生之后马上盛出，不但能保持蔬菜的脆嫩感，还能较好地保存营养。

2 西蓝花不要煮得过烂，吃的时候要让宝宝多嚼几次，这样有利于宝宝的消化吸收，还能提高宝宝的咀嚼能力。

3 西蓝花尽量别生吃，将西蓝花用沸水焯烫一下再吃不但口感更好，其中所富含的膳食纤维也更容易消化。

• 让宝宝更爱吃的做法

可以将土豆、西蓝花分别煮熟后捣成糊状，放在一起，加入配方奶搅拌均匀，就是风味可口的西蓝花土豆泥了。也可以将西蓝花、瘦肉放在开水中煮熟、打碎，然后放入提前做好的米粥里面，搅拌均匀，就做成西蓝花米糊。

西蓝花烩胡萝卜 养肝护眼

材料：西蓝花 70 克，胡萝卜 50 克。

调料：葱花、蒜末各 3 克，盐 1 克，植物油适量。

营养师这样做

1 西蓝花洗净，掰成小朵，入沸水中略焯，捞出，沥干水分；胡萝卜洗净，切片。
2 锅内倒油烧热，加葱花、蒜末炒香，放入胡萝卜片翻炒，倒入西蓝花朵炒熟，用盐调味即可。

适合年龄
1岁以上

西蓝花豆浆 增强抵抗力

材料：西蓝花、豆浆各 100 克。

营养师这样做

1 西蓝花洗净，掰成小朵，放沸水中焯烫，凉凉。
2 把西蓝花朵和豆浆放入榨汁机中搅打均匀，去渣取汁即可。

对宝宝的好处

西蓝花能增强身体的解毒能力，豆浆能补充蛋白质，两者搭配食用能增强宝宝抵抗力。

适合年龄
1岁以上

西蓝花汤 增加食欲、提高免疫力

材料：西蓝花 100 克，面粉 50 克。

调料：黄油、鸡汤、洋葱末各适量，盐 1 克。

营养师这样做

1 西蓝花去根部，切块。
2 锅内加黄油烧热，爆香洋葱末，加入西蓝花块和鸡汤，大火烧开。
3 将面粉炒香，慢慢地加入汤内，直至汤变浓稠，加入盐调味。
4 将上述汤和食材一同放入榨汁机中打碎，倒入锅中烧开即可。

香菇

宝宝补充氨基酸的首选食物

宝宝开始添加月龄：10 个月

哪些宝宝不适合吃：香菇性偏黏滞，脾胃虚寒的宝宝不宜吃。

• 对宝宝的好处

1 香菇热量低、蛋白质和维生素含量高，有很好的保健作用，其含有 7 种人体所需的必需氨基酸，尤其是赖氨酸含量很丰富，它可以作为宝宝酶缺乏症和氨基酸补充的首选食物。

2 香菇中含有干扰素诱生剂，其能防治流感。

3 香菇中的麦角骨化醇可转化为维生素 D，从而促进钙的吸收，防止小儿佝偻病和贫血；α－聚葡萄糖和葡萄糖苷酶能增强宝宝免疫力。

4 香菇中含有大量的亚油酸，其可促进宝宝大脑发育。中医认为，香菇有调理脾胃、增进食欲的作用。

5 香菇富含硒，对小儿神经系统的发育有不可忽视的影响，因为硒与脑中大多数的蛋白质有关。

Tips

泡发干香菇的水不要丢弃，因为香菇中的很多营养物质都已溶在水中。

• 营养师教你营养搭配

香菇＋鸡肉

香菇中的香菇多糖可调节人体内有免疫功能的 T 细胞活性，使机体的免疫力增强；鸡肉营养丰富，且易于被人体吸收，可增强体力，强壮身体，两者搭配食用，可增强机体免疫力。

推荐宝宝餐：香菇鸡粥（1.5 岁以上宝宝）

• 这样烹调最健康

1 对于年龄比较小的宝宝，香菇最好是切碎给宝宝煮粥食用，这样香菇的营养流失较少，利于宝宝吸收。

2 用 20～35℃的温水将干香菇泡好，然后选择蒸、焖、炖等方法烹饪，这样能很好地保留香菇的水溶性营养素。

3 烹调最好选择日晒加工过的香菇给宝宝食用，这样有利于维生素 D 的吸收。

• 让宝宝更爱吃的做法

如果宝宝不喜欢香菇的味道，可以将香菇处理干净，切成碎末，猪瘦肉洗净，切成碎末，搭配一些调料，做成香菇肉丸，上锅蒸或者做成汤都行，然后再在旁边做一些修饰，也能引起宝宝进餐的兴趣，还能补充充足的营养。

西蓝花香菇豆腐 增强体质

材料： 西蓝花 80 克，熟咸鸭蛋 25 克，鲜香菇、豆腐各 30 克。

调料： 高汤适量。

营养师这样做

1 西蓝花洗净，切小朵；香菇洗净，切块；咸鸭蛋剥壳，切碎蛋白，研碎蛋黄；豆腐冲净，切块。

2 锅中加水煮沸，加高汤、西蓝花朵、香菇块和咸鸭蛋白碎煮开，继续煮 10 分钟，放入豆腐块、蛋黄碎煮开即可。

适合年龄 1.5岁以上

香菇鸡粥 强身健体

材料： 鸡肉、大米各 30 克，鲜香菇 15 克，青菜碎适量。

调料： 葱末 3 克，盐 1 克。

营养师这样做

1 鸡肉洗净切小块；鲜香菇去蒂，洗净，切块；大米洗净。

2 锅内倒清水，加鸡肉块、葱末煮沸，倒入大米，煮熟后加香菇块、青菜碎搅匀，后加盐调味即可。

对宝宝的好处

香菇能增强身体的免疫力，鸡肉能提供优质蛋白质，二者搭配食用，有利于宝宝强身健体。

适合年龄 1岁以上

乳酪香菇粥 调节免疫力

材料： 水发香菇 30 克，菠菜 20 克，大米粥 100 克，儿童奶酪 20 克，胡萝卜、肉末各适量。

营养师这样做

1 将香菇洗净切小块，胡萝卜洗净切粒，菠菜洗净，入沸水焯烫捞出，切末。

2 将香菇块、胡萝卜粒及肉末一起放入大米粥中，煮烂。

3 最后将儿童奶酪切细丝，与菠菜末一起放入大米粥中，煮开后即可食用。

对宝宝的好处

香菇中的多糖可调节人体内有免疫功能的 T 细胞活性，使宝宝的免疫力增强。

木耳

宝宝消化系统的清道夫

宝宝开始添加月龄：11 个月

哪些宝宝不适合吃：木耳滋润，易滑肠，会加重腹泻症状，因此腹泻的宝宝不要食用。

• 对宝宝的好处

1 木耳含有丰富的铁元素，其能使宝宝的肌肤健康红润，并能预防贫血。

2 木耳中含有一种特殊的多糖体，其能起到增加宝宝抗体、保护心脏的作用。

3 木耳中含有的特殊胶质能够吸附人体中的多种灰尘，溶解或氧化宝宝吃下的一些异物，如头发等，从而达到净化肠胃的效果。

4 木耳还能清肺润肺，宝宝经常食用，可以预防肺部疾病。

Tips

新鲜木耳中含有一种名为“卟啉”的物质，这种物质进入人体后，经阳光照射会发生植物日光性皮炎，引起皮肤瘙痒，使皮肤暴露部分出现红肿、痒痛，产生皮疹、水泡、水肿。因此鲜木耳不宜食用，木耳要吃晒干后的。

• 营养师教你营养搭配

木耳 + 豆腐

木耳可把残留在人体消化系统内的灰尘、杂质吸附起来排出体外，从而起到清胃涤肠的作用，和富含蛋白质的豆腐搭配食用，对宝宝来说，具有健脾养胃，强壮身体的作用。

推荐宝宝餐：木耳豆腐汤（1.5 岁以上宝宝）

• 这样烹调最健康

1 干木耳烹调前宜用温水或温淘米水泡发，并且在泡的过程中最好多换几次水，不仅可以彻底去除其中的杂质，而且泡出的木耳会更加肥大松软，味道更鲜美。

2 木耳经过高温烹煮后，才能提高膳食纤维及木耳多糖的溶解度，有助于吸收利用，所以木耳一定要煮熟，不要用水泡发后就直接食用。

3 将干木耳泡发用水煮熟后，搅碎成糊状，有利于宝宝对营养的充分吸收。

• 让宝宝更爱吃的做法

可以将木耳泡发后，切成碎末，与青菜碎、香菇碎、虾肉碎和猪肉碎等食材混合在一起做成馅料，包成馄饨、饺子、包子等给宝宝食用。

木耳花生黑豆浆 增强记忆力

材料： 水发木耳 15 克，黑豆、花生仁各 10 克。

营养师这样做

1 黑豆用清水浸泡 8~12 小时，洗净；木耳去蒂，洗净，切碎；花生仁挑净杂质，洗净。
2 将黑豆、木耳碎和花生仁倒入全自动豆浆机中，加水至上下水位线之间，按下“豆浆”键，煮至豆浆机提示豆浆做好，凉至温热给宝宝饮用即可。

对宝宝的好处

花生含有的维生素 E 可增强记忆力，木耳富含的磷对宝宝脑神经的发育有益。

适合年龄
1.5岁以上

木耳豆腐汤 清胃涤肠

材料： 干木耳 10 克，豆腐 20 克。
调料： 盐 1 克。

营养师这样做

1 木耳用温水泡发，择去没有泡发的部分，然后撕成小块。
2 豆腐放沸水中焯一下，然后切成片。
3 锅中放入适量水，大火烧开，然后放入木耳块和豆腐片，炖大概 10 分钟后，加入盐调味即可。

对宝宝的好处

木耳中含有特殊的胶质，能帮助宝宝排出肠道内废物，保持肠道健康。

适合年龄
1.5岁以上

核桃木耳大枣粥 防止贫血

材料： 大米 30 克，熟核桃仁、水发木耳各 10 克，大枣 5 克。
调料： 高汤适量。

营养师这样做

1 大米洗净；熟核桃仁碾碎；水发木耳去蒂，洗净，切碎；大枣洗净，去核，切碎。
2 锅置火上，倒入适量水，放入大米、熟核桃仁碎、木耳碎、大枣碎，大火烧开后转小火煮成米粒熟烂的稠粥即可。

对宝宝的好处

木耳和大枣都含有丰富的铁，宝宝常食可以调理血小板减少症状，防止贫血。

苹果

提高宝宝记忆力之果

宝宝开始添加月龄：4 个月

哪些宝宝不适合吃：苹果性凉，胃寒的宝宝不宜生吃苹果。

• 对宝宝的好处

1 苹果含有较多的膳食纤维和果酸，可刺激肠道蠕动，加速消化，促进肠道内废弃物排出，调整肠道菌群健康。

2 苹果中含有的果胶是一种膳食纤维，可以帮助宝宝排出体内的毒素，特别有利于宝宝将吸入的空气污染物排出，帮助宝宝维持身体健康。

3 苹果中的果酸可以让宝宝的身体保持健康的弱碱性，还能使宝宝精力旺盛。常吃苹果对宝宝的心脏很有好处。

4 苹果中富含糖分、维生素、矿物质等大脑所必需的营养素，而且富含锌，有“记忆果”之称，常食能起到健脑益智的作用。

Tips

苹果不宜在饭后立即吃，那样不但不利于消化，而且还会造成胀气和便秘。

• 营养师教你营养搭配

苹果 + 燕麦

苹果、燕麦都含有丰富的膳食纤维，两者搭配食用能促进肠道蠕动，调节肠道环境，帮助宝宝预防便秘。

推荐宝宝餐：苹果燕麦糊（1 岁以上宝宝）

• 这样烹调最健康

1 给宝宝吃的苹果不宜削皮，因为苹果中具有排毒作用的果胶就藏在果皮中，如果经济能力允许，可以给宝宝买一些无污染的有机苹果吃。

2 将苹果榨汁或者蒸熟后压成泥，给宝宝喂食，这样除了有助于营养的快速吸收外，还可以防止宝宝的牙齿受损。

3 给宝宝喝的苹果汁，一定要加热到适宜温度，再喂给宝宝喝，这样能保护宝宝肠胃健康。

• 让宝宝更爱吃的做法

对大一点的宝宝，妈妈可以将苹果果肉做成圆形、方形、小鱼等形状，让宝宝拿着吃，这样也可以引起宝宝进食的兴趣。也可以将苹果洗净，切好，和其他水果一起做水果沙拉，颜色鲜艳，味道可口，是不错的选择。

樱桃苹果汁 促进胃肠蠕动

材料：樱桃30克，苹果50克，柠檬20克。

营养师这样做

1. 樱桃洗净，切两瓣，去核；苹果洗净，去皮、去核，切小块；柠檬洗净，去皮、去核，切片。
2. 将樱桃瓣、苹果块、柠檬片倒入榨汁机中，加入适量饮用水搅打均匀，去渣取汁即可。

对宝宝的好处

苹果、樱桃、柠檬都含有丰富的膳食纤维，搭配食用能促进肠胃蠕动，预防宝宝便秘。

适合年龄
1岁以上

苹果燕麦糊 促进宝宝生长发育

材料：苹果50克，牛奶80克，燕麦片20克。

营养师这样做

1. 苹果洗净，去皮和核，切小块。
2. 将苹果块、燕麦片、牛奶一起加入搅拌机打成糊状，微波炉稍加热即可。

对宝宝的好处

苹果中含有对宝宝生长发育有益的膳食纤维和提高记忆力的锌元素；燕麦片能滋润皮肤，还可以避免肥胖哦！此糊适合宝宝经常食用。

适合年龄
1.5岁以上

苹果馅饼 增强宝宝记忆力

材料：苹果100克，面粉200克。

营养师这样做

1. 苹果洗净，去皮和核，切小块，放入榨汁机中，加少许水，打成果泥，将果汁和果泥分离开。
2. 用果汁和面，揉成光滑的面团；果泥拌匀做成馅料。
3. 将面团分成数份，制成剂子，擀成片，包入馅料，按成小饼，放入平底锅中两面煎熟即可。

香蕉

宝宝的“开心果”

宝宝开始添加月龄：6 个月

哪些宝宝不适合吃：香蕉有润肠通便的作用，所以，腹泻的宝宝应少吃香蕉，以免加重病情。

• 对宝宝的好处

1 香蕉中含有丰富的碳水化合物、蛋白质、维生素及钙、磷、钾等矿物质，能为宝宝提供基础能量和营养，还能起到润肠通便的作用。

2 香蕉中的B族维生素含量很高，可以使宝宝的皮肤润泽细腻。

3 香蕉可以帮助大脑制造5-羟色胺，这种物质能使人感受到欢乐与愉悦，使宝宝更有创造力。

4 香蕉含有丰富的钾，可以满足宝宝成长所需，起到利尿祛湿的功效。

5 宝宝经常适量地吃香蕉，还能有效改善体质，提高机体的免疫力，对生长发育也是很有好处的。

Tips

香蕉要选择香味纯正，梳柄完整，果实丰满肥壮，色泽新鲜，果面光滑，无虫伤、病斑的。

• 营养师教你营养搭配

香蕉 + 牛奶

香蕉味道香甜可口，营养丰富，可以润肠通便、滋养肌肤，让人更快乐；牛奶富含钙和矿物质，两者搭配食用，能起到润肠通便、补钙的作用。

推荐宝宝餐：香蕉牛奶饮（1 岁以上宝宝）

• 这样烹调最健康

1 香蕉剥皮后，要尽快让宝宝吃完，不然香蕉中所含的营养会受到破坏。

2 将香蕉肉与其他水果一起榨汁，让宝宝饮用，这样味道更好，营养更丰富。

3 香蕉也可以和谷类做成粥吃，营养更均衡。

• 让宝宝更爱吃的做法

将黄油放入平底锅中加热至其化开，香蕉去皮，剖为两半，放入平底锅内煎至变色，将橙汁、蜂蜜均匀地浇在香蕉上面，煎至香蕉熟软即可。这道点心软软的，甜甜的，味道正是宝宝喜欢的。

香蕉玉米汁 促进消化

材料：香蕉 50 克，熟玉米粒 20 克。

营养师这样做

1 香蕉去皮，将肉质部分用刀切块；熟玉米粒洗净。
2 将玉米粒和香蕉块放入榨汁机中，加入饮用水榨汁，用微波炉加热即可。

对宝宝的好处

香蕉富含可溶性纤维，能促进宝宝消化，且有安抚神经、镇静的效果，能够促进宝宝睡眠。玉米含有丰富的钙、硒、维生素 E 等，有健脾益胃、利水渗湿作用。

适合年龄
7个月以上

香蕉粥 提高机体抗病能力

材料：香蕉 50 克，大米 30 克。

营养师这样做

1 香蕉去皮，切丁；大米洗净。
2 大米放入开水锅中烧开，煮 20 分钟，加入香蕉丁熬成粥即可。

对宝宝的好处

香蕉粥色、香、味都很纯正，而且富有营养，能促进宝宝食欲，帮助宝宝胃肠消化，还能增强宝宝对疾病的抵抗力。

适合年龄
1岁以上

香蕉泥拌红薯 提振食欲

材料：红薯 80 克，香蕉 30 克，原味酸奶 50 克。

营养师这样做

1 红薯洗净，加适量清水煮熟，去皮切成小方块；香蕉去皮，压成泥。
2 将香蕉泥和原味酸奶拌匀，红薯块盛在盘中，倒上香蕉泥拌匀即可。

对宝宝的好处

红薯、香蕉与酸奶三者搭配，给宝宝食用，可以促进宝宝的食欲，并能为宝宝的大脑发育提供能量。

橙子

提高抵抗力的“酸甜精灵”

宝宝开始添加月龄：1 岁以后

哪些宝宝不适合吃：橙子属于温性水果，所以口干咽燥、舌红苔少的宝宝不宜食用。

• 对宝宝的好处

1 在所有的水果中，橙子所含的抗氧化物最多，包括 60 多种类黄酮物质和 17 种胡萝卜素。类黄酮物质具有抗炎、强化血管的作用；胡萝卜素具有很强的抗氧化功效。这些营养素可以提高宝宝的抗病能力。

2 橙子中维生素 C 的含量丰富，能提高宝宝的免疫力，增强抗病能力。

3 橙子还是钾元素的天然来源，并且不含钠和胆固醇，可以预防宝宝肥胖。

4 橙子所含的膳食纤维和果胶，可促进肠道蠕动，有利于清肠通便，排出体内有害物质，维持宝宝身体健康。

Tips

爸爸妈妈不要在饭前及宝宝空腹时给其吃橙子，因为橙子所含的有机酸会刺激胃黏膜，不利于宝宝的消化。

• 营养师教你营养搭配

橙子＋黄豆

橙子中维生素 C 含量较为丰富，黄豆中含有较多的蛋白质，两者搭配可以帮助宝宝提高免疫力，对抗炎症。

推荐宝宝餐：香蕉橙子豆浆（1 岁以上宝宝）

• 这样烹调最健康

1 橙子最好生吃，如果烹煮，应尽量缩短加热时间，以免高温破坏其所含有的营养物质。

2 吃橙子最好不要用刀切，否则容易汁水四溢，造成浪费。可以把橙子放在桌面上，用手掌压住，缓慢均匀地来回揉搓，不一会儿橙子就会像橘子一样容易剥皮了，吃起来既干净又方便。

• 让宝宝更爱吃的做法

将橙子洗净，从 1/4 处切下，挖出橙子肉，放入榨汁机中榨成汁。鸡蛋洗净，磕入碗内，加少许盐打散，淋入榨好的橙汁搅匀，倒入挖空的橙子壳内，盖上从 1/4 处切下的橙子皮，用牙签固定好，送入烧沸的蒸锅蒸 10 分钟。取出，揭去橙子皮做的盖，淋上香油，美味又漂亮的鲜橙蒸蛋就出锅了。

鲜橙泥 开胃止呕

材料：橙子 50 克。

营养师这样做

1 将橙子横向一切为二，然后将剖面覆盖在玻璃挤橙器上旋转，使橙汁流入下面的盛器内。

2 加一些温开水，调稀些即可喂给宝宝。

对宝宝的好处

橙子富含丰富的维生素 C，宝宝常食可以开胃消食，增强食欲。

适合年龄 1岁后

香蕉橙子豆浆 减肥瘦身

材料：橙子、香蕉各 50 克，豆浆 100 克。

营养师这样做

1 将橙子去皮，切块；香蕉去皮，切块。

2 将橙子块和香蕉块跟豆浆一起放入榨汁机中搅打均匀即可。

对宝宝的好处

橙子中的钾元素能利水祛湿，香蕉富含膳食纤维，能加速肠道废物排出，二者搭配食用，有利于宝宝减肥。

适合年龄 1岁以后

葡萄鲜橙汁 提高抵抗力

材料：葡萄、鲜橙子各 80 克。

营养师这样做

1 葡萄洗净，切碎；橙子去皮，切丁。

2 将葡萄碎、橙子丁放果汁机中，加适量水搅打均匀即可。

对宝宝的好处

橙子和葡萄都含有丰富的维生素，搭配食用能更好地提高免疫功能，增强抗病能力。

猪肉

强身健体又家常

宝宝开始添加月龄：12 个月以后

• 对宝宝的好处

1 猪肉可给宝宝提供优质蛋白质、B 族维生素、锌等，能促进宝宝生长。

2 猪肉纤维细软，质感好，很适合消化功能不好的宝宝食用。

3 猪肉可提供血红素（有机铁）和促进铁吸收的半胱氨酸，能改善宝宝缺铁性贫血。

Tips

买回来的新鲜猪肉冷藏时间不要超过 2 天。如果冷冻保存，取每次烹调的用量装进塑料袋中再冷冻，最好 15 天内吃完。

• 营养师教你营养搭配

猪肉 + 莲藕

猪肉可以滋阴润燥、补气养血，莲藕熟吃具有健脾益胃的作用，两者搭配食用能够帮助调理宝宝肠胃、预防贫血。

推荐宝宝餐：莲藕猪肉粥（1.5 岁以上宝宝）

• 这样烹调最健康

1 猪肉剁成肉馅较易消化吸收，适宜用蒸、煮、焖、煲的烹调方法做给宝宝吃。

2 猪肉烹饪前最好先炖煮，因为猪肉经炖煮后，脂肪减少 30%～50%，不饱和脂肪酸却增加了，且胆固醇含量大大降低，这样有利于宝宝的健康。

3 猪肉烹调前不能用热水清洗，这样会导致其中所含的肌溶蛋白溶解，损失很多营养。洗猪肉的水温不要超过 35℃。

• 让宝宝更爱吃的做法

如果宝宝不喜欢吃猪肉，建议妈妈可以将猪肉剁碎，然后加入一些蔬菜等，做成丸子，是不错的烹调方法，也能为宝宝提供充足能量。

玉米肉圆 改善缺铁性贫血

材料： 猪肉馅 20 克，鸡蛋半个，玉米面 30 克。

调料： 淀粉适量，盐 1 克。

营养师这样做

1 在猪肉馅中放入鸡蛋、淀粉、盐调匀，顺时针方向搅拌。

2 将肉馅制成一个个的小丸子，每个丸子裹上一层玉米面，码入盘内，入锅中以中火蒸 8 分钟即可。

对宝宝的好处

这道菜中富含促进宝宝生长的蛋白质、钙、铁、锌等。

适合年龄 1岁以上

适合年龄 1.5岁以上

莲藕猪肉粥 改善肠胃、补血

材料： 猪肉、大米各 50 克，莲藕 30 克。

调料： 盐 1 克，淀粉、香油各适量。

营养师这样做

1 莲藕洗净，去皮，切丁；猪肉洗净，切粒，用淀粉、盐拌匀。

2 大米洗净，加水煮开，倒入莲藕丁，再煮开，换小火煮 20 分钟。

3 加少许盐，倒入猪肉粒，大火煮沸，待煮熟后，加入香油调味即可。

对宝宝的好处

此粥可改善肠胃、滋阴润燥，预防宝宝贫血。

适合年龄 1.5岁以上

大白菜猪肉水饺 益胃生津

材料： 面粉 45 克，白菜 50 克，猪肉 25 克。

调料： 香油、葱末、姜末各 3 克，盐 1 克。

营养师这样做

1 白菜洗净、剁碎，挤干水分；猪肉洗净，剁成末。

2 肉末、白菜末、葱末、姜末、盐、香油和成馅。

3 面粉加水和成面团，揉匀，醒 15 分钟，揪剂，擀成饺子皮。

4 取饺子皮，包入馅料，捏紧成饺子生坯，下锅煮熟即可。

猪肝

补血明目的天然食材

宝宝开始添加月龄：8 个月

哪些宝宝不适合吃：宝宝脾胃虚弱时，不宜过多进食，以免影响胃肠功能。

• 对宝宝的好处

1 猪肝是补血食品中最为普及的食物，食用猪肝可以调节和改善人体内造血系统的生理功能，是婴幼儿理想的补血、补铁食物。

2 猪肝富含的维生素 A 具有维持正常生长和生殖机能的作用，能保护眼睛，维持正常视力，防止眼睛干涩、疲劳，维持健康的肤色，对皮肤的健美具有重要意义。

3 经常食用猪肝还能补充维生素 B_2，这对补充机体重要的辅酶和完成机体对一些有毒成分的去毒有重要作用。

4 猪肝中还含有一般肉类食品没有的维生素 C 和微量元素硒，能增强人体的免疫力，抗氧化，防衰老，并能抑制肿瘤细胞的产生。

Tips

猪肝是解毒器官，买回的鲜肝不要急于烹调，应把猪肝放在自来水龙头下冲洗 10 分钟，然后放在水中浸泡 30 分钟，之后再烹调。

• 营养师教你营养搭配

猪肝 + 菠菜

猪肝、菠菜都含有较多的叶酸、铁等造血原料，两者营养更全面，能更好地起到补铁作用，促进宝宝健康生长。

推荐宝宝餐：猪肝菠菜粥（1.5 岁以上宝宝）

• 这样烹调最健康

1 新鲜的猪肝切后放置时间长了胆汁就会流出，不仅损失营养，而且炒熟后有许多颗粒凝结在猪肝上，影响外观和口感，所以猪肝要现切现做。

2 烹调时间不能太短，至少应该在急火中炒 5 分钟以上，否则不能杀死动物肝脏中的某些病菌和寄生虫卵。

3 给刚开始食用猪肝的宝宝喂食猪肝，要将猪肝用水煮熟后剁泥，不加任何调味品，量尽量少一些，每次 10～20 克为宜，而且每周 1 次即可。

• 让宝宝更爱吃的做法

对于 1 岁以内的宝宝，不能添加调料时，可以在做猪肝泥时加点鸡汤，这样可以让猪肝味道鲜美，引起宝宝的食欲。对于 1 岁以后的宝宝，可以将猪肝切成花形，再进行处理，也能吸引宝宝的注意力，增强宝宝的食欲。

清蒸肝泥 补血明目

材料：猪肝20克，熟鸡蛋黄1个。

调料：葱花适量。

营养师这样做

1 猪肝去筋膜，洗净切小片，上锅蒸熟，剁成泥。

2 将肝泥入碗，加熟鸡蛋黄和适量水搅匀，用葱花点缀即可。

对宝宝的好处

猪肝有护眼明目、补血补铁的效果，鸡蛋则可以增强宝宝智力，保护视力。

适合年龄
1岁以上

猪肝摊鸡蛋 排毒

材料：猪肝10克，鸡蛋1个。

调料：盐1克，植物油适量。

营养师这样做

1 猪肝洗净，用热水焯过后切碎；鸡蛋打散，放入猪肝碎和盐搅拌均匀。

2 锅内倒油烧热，倒入蛋液煎熟即可。

对宝宝的好处

猪肝富含的维生素B_2能起到排毒的功效，鸡蛋营养丰富，二者搭配食用，能维护宝宝身体健康。

适合年龄
1.5岁以上

猪肝菠菜粥 辅助治疗贫血

材料：猪肝20克，大米40克，菠菜30克。

调料：盐1克。

营养师这样做

1 猪肝冲洗干净，切片，入锅焯水，捞出沥水；菠菜洗净，焯水，切段；大米洗净。

2 锅置火上，倒入适量清水烧开，放入大米大火煮沸后改用小火慢熬。

3 煮至粥将成时，将猪肝片放入锅中煮熟，再加菠菜段稍煮，然后加盐调味即可。

鸡肉

提高宝宝抵抗力的家常肉

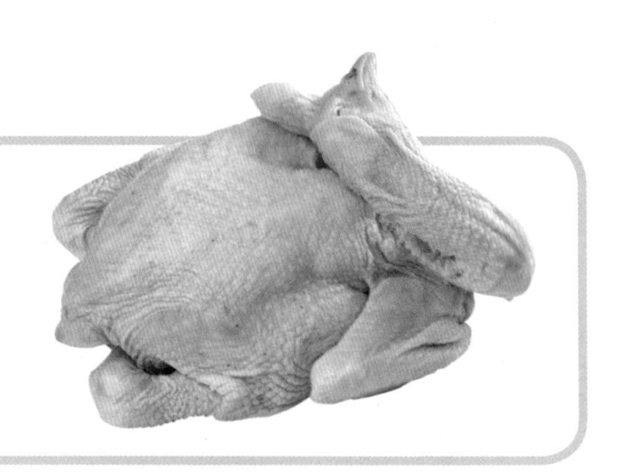

宝宝开始添加月龄：8 个月

哪些宝宝不适合吃：感冒伴有头痛、乏力、发热的宝宝及上火的宝宝不宜吃鸡肉。

• 对宝宝的好处

1 鸡肉的脂肪含量少，且含有丰富的氨基酸，能提高宝宝的抵抗力，所以做辅食用鸡肉比猪肉多。

2 鸡肉中蛋白质含量高、种类多，且易于被人体吸收，可增强宝宝体力、强壮身体。

3 鸡脯肉中富含 B 族维生素，可消除疲劳、保护皮肤。

4 鸡腿肉中含有较多的铁，可改善缺铁性贫血。

Tips

鸡肉蛋白质含量非常高，核桃中油脂和蛋白质含量也很高，同食会增加胃肠道负担，可能引起腹胀，腹泻，所以鸡肉不宜与核桃同食。

• 营养师教你营养搭配

鸡肉 + 菠菜

鸡肉富含优质蛋白，菠菜含有丰富的维生素 C 和膳食纤维，两者搭配食用可以促进宝宝肠道蠕动，强壮身体。

推荐宝宝餐： 鸡肉菠菜粥（8 个月以上宝宝）

• 这样烹调最健康

1 因为鸡肉容易变质，所以给宝宝做辅食必须蒸煮熟透再食用。

2 鸡汤营养丰富，但最好撇去浮油部分，可以减少宝宝对油脂的摄入量，避免肥胖。

3 吃鸡肉的时候为了减少脂肪的摄入，可以去掉鸡皮以及鸡皮之下的脂肪层，这样进食更健康。

• 让宝宝更爱吃的做法

将鸡肉煮熟后切成细丝，搭配黄瓜丝、胡萝卜丝、豆腐丝一起卷入摊好的蛋饼，切成段，让宝宝拿着吃，既可以勾起宝宝的食欲，还能锻炼宝宝的手眼协调能力。

鸡肉菠菜粥 补充优质蛋白质

材料：大米粥50克，鸡肉10克，菠菜15克。

调料：植物油适量。

营养师这样做

1 鸡肉洗净，切成末；菠菜洗净，切碎。

2 锅内倒油烧热，将鸡肉末煸炒至半熟，放入菠菜碎，一起炒熟盛出，放入大米粥内稍煮即可。

对宝宝的好处

鸡肉含有丰富的蛋白质，剁成末熬煮给宝宝食用，有利于宝宝消化吸收，促进其生长发育。

鸡茸汤 补充蛋白质

材料：鸡胸肉50克，鸡汤150毫升。

调料：香菜末少许。

营养师这样做

1 将鸡胸肉洗净，剁碎成鸡肉茸，放碗中拌匀。

2 将鸡汤倒锅中，大火烧开，将鸡茸倒入锅中，用勺子搅开，待煮开后，加入香菜末调味即可。

对宝宝的好处

鸡肉中含有丰富的蛋白质，宝宝多食，能补充身体需要的蛋白质。

牛肉

强壮宝宝身体的肉类

宝宝开始添加月龄：8 个月

哪些宝宝不适合吃：患有肝炎、肾炎的宝宝不宜食用，以免加重病情。

• 对宝宝的好处

1 牛肉脂肪含量低，蛋白质含量比猪肉高，它含有的氨基酸比例和人体的比例几乎一致，对促进宝宝健康成长有非常积极的作用。

2 牛肉含有能提高宝宝智力的亚油酸及锌、铁等元素，常食能使宝宝更聪明。

3 牛肉中的铁、锌、磷、维生素 A、维生素 B_1、维生素 B_6、维生素 B_{12} 含量也较高，所以对宝宝有较好的补益作用。

4 牛肉中富含一种铁，叫作血基质铁，这种铁更容易被人体吸收。宝宝吃一份牛肉餐就会有多达 23% 的铁被身体吸收，比吃富含铁的植物性食物铁的吸收率要高。

Tips

牛肉选择气味正常，无酸味或氨味；肉皮无红点，肌肉有光泽、红色均匀；肉质有弹性，微干或微微湿润，不黏手的最新鲜。

• 营养师教你营养搭配

牛肉 + 土豆

牛肉中蛋白质含量较高，土豆中淀粉丰富，两者搭配食用，可以让宝宝保持蛋白质和碳水化合物的摄入均衡，促进宝宝健康成长。

推荐宝宝餐：牛肉土豆粥（1 岁以上宝宝）

• 这样烹调最健康

1 将牛肉切成小块或剁成末炖烂，不仅鲜美可口，而且营养流失少，适合宝宝食用。

2 清炖牛肉最能保存牛肉中的营养，并且用清炖的方法做出来的牛肉原汁原味，鲜美可口，肉质软嫩，比较适合宝宝食用。

3 牛肉的肉质纤维比较粗，给宝宝吃的牛肉要尽量选嫩一些的，并要烹调得细软一些，这样才有利于宝宝消化吸收。

• 让宝宝更爱吃的做法

如果宝宝不喜欢牛肉的味道，可以把牛肉剁成肉馅与切碎的蔬菜混合，用可食用的薄纸包上，放在烤箱里烤一个纸包牛肉，蘸着番茄酱吃，味道很不错。

牛肉小米粥 促进宝宝大脑发育

材料： 小米50克，牛肉30克，胡萝卜10克。

营养师这样做

1 小米洗净；牛肉洗净，切碎；胡萝卜洗净，去皮，切丁。
2 锅置火上，加适量清水烧沸，放入小米、牛肉碎、胡萝卜丁，大火煮沸后转小火煮至小米开花即可。

对宝宝的好处

牛肉含锌量较高，宝宝常吃可以促进大脑发育，而且能起到强身健体的作用。

鸡汁牛肉末 促进宝宝生长发育

材料： 牛肉50克，鸡汤50毫升。
调料： 酱油、植物油各适量。

营养师这样做

1 牛肉去筋膜，洗净，剁成末。
2 锅内倒油烧热，煸炒牛肉末至变色，加入酱油翻炒，放入鸡汤焖3分钟即可。

对宝宝的好处

牛肉中富含蛋白质、钙、磷、铁、锌等营养物质，能够很好地促进宝宝的生长发育；鸡汤则可以提高宝宝免疫力，预防感冒。

鸡蛋

价格低廉的营养库

宝宝开始添加月龄：8 个月（鸡蛋黄）

哪些宝宝不适合吃：鸡蛋属于高蛋白食品，如果食用过多，会增加肾脏的负担，因此肾功能不全的宝宝要慎食。

• 对宝宝的好处

1 鸡蛋是宝宝最好的营养来源之一，含有大量的维生素、矿物质及优质蛋白质，其中蛋白质的品质仅次于母乳。

2 鸡蛋中所含的磷、锌、铁等营养都是宝宝必不可少的，它们在修复受损细胞、形成新组织、参与新陈代谢、促进宝宝身体和智力发育等方面，起着重要的作用。

3 鸡蛋黄中富含卵磷脂和 DHA，这两种物质能促进宝宝脑部的发育，有增强记忆力、健脑益智的功效。

4 鸡蛋能为宝宝补充全面的营养，堪称价格低廉的宝宝营养库。

Tips

宝宝能吃全蛋以后，最好让宝宝吃全蛋。蛋白和蛋黄搭配食用，能给宝宝补充全面的营养物质。

• 营养师教你营养搭配

鸡蛋 + 菠菜

鸡蛋中含有较多的卵磷脂和蛋白质，菠菜含有较多的钾、叶酸、胡萝卜素等，两者搭配可以实现营养互补，对宝宝健康有益。

推荐宝宝餐：菠菜鸡蛋饼（1.5 岁以上宝宝）

• 这样烹调最健康

1 鸡蛋的烹调方法有许多：煎、炒、烹、炸、煮、蒸，其中以用蒸、煮方法烹调的鸡蛋最有营养，而且最容易被消化吸收。

2 给宝宝煮鸡蛋时间不宜过长，可以凉水下锅煮 5 分钟，焖 2 分钟取出，嫩嫩的鸡蛋就煮好了，不但好吃，而且营养更易于为宝宝吸收。

• 让宝宝更爱吃的做法

将培根周围卷褶，铺在碗内，留出一个鸡蛋的空间，将鸡蛋打进去，撒上葱末，用牙签将蛋黄地方戳几个洞，然后放入微波炉中，高火 2 分钟，漂亮美味的培根鸡蛋杯就出炉了。

油菜蛋羹 明目、益智

材料： 鸡蛋1个，油菜叶50克，猪瘦肉20克。

调料： 盐1克，葱末3克，香油少许。

营养师这样做

1. 油菜叶、猪瘦肉分别洗净，切碎。
2. 鸡蛋磕入碗中，打散，加入油菜碎、猪肉碎、盐、葱末和适量凉开水搅拌均匀。
3. 蒸锅置火上，加适量清水煮沸，将混合蛋液放入蒸锅中，用中火蒸6~8分钟，淋上香油即可。

适合年龄 1.5岁以上

菠菜鸡蛋饼 促进骨骼发育

材料： 菠菜叶100克，鸡蛋1个。

调料： 植物油适量。

营养师这样做

1. 菠菜叶洗净，切碎；鸡蛋打散，加入菠菜碎搅拌均匀。
2. 锅内倒油烧热，将鸡蛋液均匀地平铺在锅底呈薄饼状，煎至两面金黄色即可。

对宝宝的好处

菠菜叶可以替换成油菜叶或白菜叶。食用时可以让宝宝自己拿着吃，有助于锻炼宝宝的手眼协调能力。

适合年龄 1.5岁以上

鸡蛋肉末软饭 促进生长发育

材料： 猪瘦肉20克，鸡蛋1个，米饭1小碗。

营养师这样做

1. 猪瘦肉洗净，剁成泥；鸡蛋打到碗里，放入肉泥搅拌均匀。
2. 锅中加少许水煮沸，放入米饭煮2分钟，将肉泥鸡蛋液倒入锅中，搅拌均匀，煮开后转小火再煮10分钟即可。

对宝宝的好处

鸡蛋营养丰富，肉末富含蛋白质和氨基酸，米饭富含碳水化合物，三者搭配食用，能促进宝宝成长发育。

牛奶

宝宝最好的钙质来源

宝宝开始添加月龄：1 岁

哪些宝宝不适合吃：对牛奶过敏的宝宝不宜食用。

• 对宝宝的好处

1 牛奶所含有的蛋白质（如酪蛋白、乳清蛋白）品质好，而且与热量的比例搭配也很完美，可以防止宝宝摄入过多的热量，维持身体健康。

2 牛奶还含有宝宝生长所需要的全部氨基酸，是宝宝一生的营养伴侣。

3 牛奶中的矿物质，如磷、钾、镁等的搭配也十分适合宝宝身体所需。

4 牛奶中的钙含量高，是人体最好的钙质来源，而且钙和磷的比例非常适当，利于钙的吸收，促进宝宝骨骼和牙齿的成长。

• 营养师教你营养搭配

牛奶 + 燕麦

牛奶含钙较丰富，燕麦富含膳食纤维，能促进肠道蠕动，促进营养素的消化吸收，两者搭配食用，能强化宝宝骨骼的发育，促进宝宝身体的快速成长。

推荐宝宝餐：香果燕麦牛奶饮（1 岁以上宝宝）

• 这样烹调最健康

1 凉牛奶容易刺激宝宝的胃黏膜，所以牛奶应该加热后再喂给宝宝饮用，但加热牛奶看似简单，如果加热方法不得当就会破坏牛奶中的营养。

用水浸泡加热：将牛奶放入 50℃左右的温水中浸泡 5～10 分钟即可。

微波炉加热：新鲜盒装奶必须先打开口，瓶装奶要先揭掉铝盖，加热数十秒即可。

2 煮牛奶的时候，牛奶表层会出现一层奶皮，很多妈妈在喂宝宝的时候都将它去掉。这是不对的。因为奶皮中含有脂肪和丰富的维生素 A，对宝宝的健康，尤其是眼睛健康很有好处。

• 让宝宝更爱吃的做法

如果宝宝不喜欢喝牛奶，可以在牛奶中加入一些宝宝喜欢的果汁，如苹果汁、西瓜汁、草莓汁等，这样牛奶会变得更加甜美，也会勾起宝宝喝牛奶的兴趣。

Tips

纯牛奶不如母乳好消化，未满周岁的宝宝消化吸收能力弱，不宜喝纯牛奶，如果没有母乳要给宝宝喂配方奶。

香果燕麦牛奶饮 强壮骨骼

材料： 即食燕麦片 15 克，鲜奶 50 克，苹果、香蕉各 30 克，葡萄 10 克。

营养师这样做

1 燕麦片用热水冲开；香蕉去皮，切片；苹果洗净，去皮，切丁；葡萄去皮和子。
2 香蕉片、苹果丁、葡萄倒入搅拌机中，加少量水，搅打成汁。
3 将鲜奶、果汁加入燕麦片中搅拌均匀即可。

对宝宝的好处

苹果和香蕉都含有丰富的膳食纤维、钾等，能够促进宝宝胃肠蠕动，防止宝宝便秘。

适合年龄 1岁以上

牛奶核桃露 壮骨、益智

材料： 核桃仁 25 克，草莓 80 克，牛奶 250 克。

调料： 淀粉适量。

营养师这样做

1 草莓洗净，捣汁；核桃仁碾碎。
2 锅内加适量水，倒入牛奶、核桃仁碎煮沸，加淀粉勾芡，将草莓汁倒入奶露中搅匀即可。

对宝宝的好处

核桃仁能润肠，草莓有清热、利尿的作用。

适合年龄 1.5岁以上

玲珑牛奶馒头 补钙效果佳

材料： 面粉 40 克，发酵粉少许，牛奶 20 克。

营养师这样做

1 将面粉、发酵粉、牛奶和在一起，放入冰箱冷藏室，15 分钟后取出。
2 将面团切成 3 份，揉成 3 个小馒头，上锅蒸 15～20 分钟即可。

对宝宝的好处

用牛奶代替水来和面，其中的蛋白质会加强面团的劲力，做出来的馒头很有弹性，补钙的效果也更佳。

黄鱼

保护宝宝脾胃健康

宝宝开始添加月龄：8个月

哪些宝宝不适合吃：黄鱼是发物，哮喘和过敏体质的宝宝不宜食用。

• 对宝宝的好处

1 黄鱼含有丰富的蛋白质，且含有较多的氨基酸种类，能维持宝宝身体正常运转。

2 黄鱼含有丰富的微量元素硒，能清除人体代谢产生的自由基，具有抗氧化，增强身体抗病能力的作用。

3 中医认为，黄鱼具有滋补、健脾的作用，非常适合脾胃、身体虚弱的宝宝食用。

4 黄鱼中谷氨酸含量较多，谷氨酸是人神经系统发育不可缺少的一种氨基酸，能促进宝宝神经系统的发育。

Tips

黄鱼属于近海鱼，易受污染，因此尽量不要给宝宝吃鱼头和内脏。

• 营养师教你营养搭配

黄鱼＋豆腐

黄鱼富含优质蛋白质，豆腐含有丰富的钙，两者搭配食用，可以促进蛋白质和钙的吸收率，促进宝宝健康成长。

推荐宝宝餐：黄鱼烧豆腐（1.5岁以上宝宝）

• 这样烹调最健康

1 用盐腌制的黄花鱼适合1岁后的宝宝。

2 蒸食能够最大限度地减少黄鱼的营养成分被破坏掉，但蒸熟后要去骨捣碎再喂宝宝。

3 黄鱼的头皮内有腥味很大的黏液，因此给宝宝做黄鱼前，应揭去头皮，洗净黏液，可减轻腥味。

• 让宝宝更爱吃的做法

在蒸食黄鱼时，不宜提前把肉剁碎后再蒸，否则会造成肉质中的水分流失，蒸出来后肉质会变硬，没有了细嫩的口感。可以蒸熟后把肉弄碎喂给宝宝吃。

黄鱼粥 健胃消食

材料：大米 50 克，黄鱼肉 30 克。

调料：葱花适量。

营养师这样做

1 黄鱼肉去净鱼刺，切成丁；大米洗净。

2 大米倒入锅中，加水煮成粥，加入鱼肉丁煮至鱼肉熟，撒葱花装饰即可。

对宝宝的好处

黄鱼富含硒元素，能清除人体代谢废物；黄鱼中的蛋白质、维生素含量也很丰富，具有健脾胃、安神益气以及维护头发健康的作用。

适合年龄
1.5岁以上

黄鱼烧豆腐 补钙

材料：净黄鱼、豆腐各 20 克，鸡蛋 1 个。

调料：葱段、姜片、蒜片、醋各 3 克，盐 1 克，植物油适量。

营养师这样做

1 用盐腌黄鱼 15 分钟；鸡蛋打散，涂抹在黄鱼表面；豆腐洗净，切片。

2 锅内倒油烧热，将黄鱼煎至两面金黄。

3 淋入醋后倒入开水，水量没过鱼身，放入葱段、蒜片、姜片和盐烧开后炖 5 分钟，放入豆腐片继续炖 10 分钟即可。

对宝宝的好处

此粥可改善肠胃、滋阴润燥，帮助宝宝补钙。

适合年龄
2岁以上

清蒸小黄鱼 锻炼宝宝咀嚼能力

材料：小黄鱼 50 克。

调料：葱末、姜末各 3 克，盐适量，红椒丝 15 克。

营养师这样做

1 将小黄鱼洗净，清除内脏，放盐抹匀，腌制 15 分钟以上。

2 将腌好的小黄鱼排放在盘中，撒上葱末、姜末、红椒丝。

3 锅内放适量水烧开，放入小黄鱼，隔水蒸熟即可。

虾

味道鲜美的补钙高手

宝宝开始添加月龄：11 个月

哪些宝宝不适合吃：虾中的蛋白质可能会引发过敏，因此患有湿疹、荨麻疹等过敏性疾病的宝宝不宜食用。

• 对宝宝的好处

1 虾肉营养丰富，且肉质松软，易于消化，还含有蛋白质、脂肪、维生素 A、维生素 B_1、维生素 B_2 以及烟酸等，经常食用能提高宝宝的食欲并增强体质。

2 虾肉是味道鲜美的补钙能手，虾中所含有的钙质对宝宝牙齿及骨骼的发育有益处。

3 虾肉中牛磺酸的含量较高，牛磺酸对宝宝的眼睛很有好处，可促进宝宝的眼睛健康发育。

Tips

虾肉富含蛋白质，不宜与柿子、山楂等含鞣酸的水果一起吃，不然会降低对虾肉中蛋白质的吸收，还会出现呕吐、头晕、腹泻腹痛等不适症状。所以给宝宝吃完虾肉要间隔 2 小时再喂这几种水果。

• 营养师教你营养搭配

虾 + 鸡蛋

虾和鸡蛋都是富含蛋白质的食物，并且容易被人体吸收，可以为宝宝补充蛋白质，促进宝宝生长发育。如果在蛋羹中加入虾，味道也会更鲜美。

推荐宝宝餐：鲜虾蛋羹（1.5 岁以上宝宝）

• 这样烹调最健康

1 虾背上的虾线是虾的消化道，里面是未排泄完的废物，所以给宝宝烹调虾之前，要去掉虾线。具体方法：用剪刀剪去虾须和虾足，然后将牙签从虾背第二节上的壳间穿过，挑出黑色的虾线，洗净即可。

2 虾身上有一些细菌，所以烹调时一定要高温烹饪，能起到杀菌、消毒的作用。

• 让宝宝更爱吃的做法

将虾仁洗净，去掉虾线，放入搅拌机中搅打成虾泥，加入盐搅匀，取一个蛋清放入虾泥中搅匀，放入汤锅中煮熟即可，这道菜鲜嫩、滑滑的，Q 劲十足，宝宝一定会喜欢的！

鲜虾蛋羹 促进宝宝生长

材料：鲜虾 50 克，鸡蛋 1 个。

调料：香菜 3 克，盐适量。

营养师这样做

1 鲜虾剥壳，去虾线，洗净后捞出沥干；鸡蛋打散，加入盐、水搅拌均匀。

2 取蒸碗，放入蛋汁至八分满，可把一半虾仁先加到蛋汁里。

3 蒸笼水滚后，把虾仁蛋汁放进去蒸 5 分钟，放另一半的虾仁在蛋汁上面，再蒸 3~5 分钟，至中央处以筷子插入不黏为度，以香菜作装饰即可。

清蒸基围虾 补钙壮骨

材料：净基围虾 50 克。

调料：香菜段 3 克，葱末、蒜末各 2 克，香油、盐各少许。

营养师这样做

1 基围虾用盐、葱末腌渍；蒜末加香油调成味汁。

2 将基围虾上笼蒸 15 分钟，出锅撒香菜段、淋上调味汁即可。

对宝宝的好处

基围虾是一种蛋白质含量非常高的食物，其维生素 A 含量也比较高，脂肪含量低，富含磷、钙，可促进宝宝成长。

海带

给宝宝补碘的高手

宝宝开始添加月龄：11 个月

哪些宝宝不适合吃：海带性凉，胃肠不好的宝宝不宜多吃。

• 对宝宝的好处

1 海带的含碘量较高，碘是人体不可缺少的营养素，尤其是宝宝生长发育与智力发育不可缺少的，能有效地预防宝宝单纯性甲状腺肿大。

2 海带所含的胶质能促进体内的放射性物质随同大便排出体外，从而减少放射性物质在宝宝体内的积聚，也减少了放射性疾病的发生。

3 每 100 克干海带中，含钙 348 毫克，含铁高达 4.7 毫克，丰富的钙和铁有利于宝宝骨骼和牙齿的发育，改善宝宝缺铁性贫血。

4 海带还富含胆碱，可以帮助宝宝增强记忆力，有助于认知新事物。

5 海带含有大量的不饱和脂肪酸和膳食纤维，能调理宝宝肠胃，预防便秘的发生。

• 营养师教你营养搭配

海带 + 豆腐

豆腐虽然可以给宝宝补充蛋白质，但豆腐中的皂角苷会促进碘的排出，造成碘缺乏，而海带是很好的补碘佳品，因此豆腐和海带是很好的搭配。

推荐宝宝餐：海带豆腐（1.5 岁以上宝宝）

• 这样烹调最健康

1 宝宝刚开始食用海带时，可以将海带处理干净后，用水浸软煮成黏糊喂给宝宝吃。

2 用海带来煮汤，可以将营养素保留在汤中，避免流失，使宝宝能充分地吸收。

• 让宝宝更爱吃的做法

如果宝宝不太喜欢海带的味道，可将海带泡软后，剁成末和猪肉末、胡萝卜末、葱末和适量盐拌匀搅成馅料，包成小饺子，也是让宝宝吃到海带的一种好方法！

Tips

海带富含褐藻胶，不容易烧制出酥烂的口感，泡发之前蒸 15 分钟（但不可过长），煮软后，将海带放在凉水中泡凉，清洗干净，然后捞出，或炒或拌或做汤，怎么吃口感都软烂，宝宝也会爱吃！

海带柠檬汁 促进宝宝大脑发育

材料： 水发海带 80 克，柠檬 15 克。

营养师这样做

1 海带洗净，切丁；柠檬去皮和子，切丁。
2 将海带丁、柠檬丁放入果汁机中，加水搅打均匀即可。

对宝宝的好处

海带富含碘和钙，常食有助于宝宝脑部和智力的发育；柠檬含有维生素 C、柠檬酸、碘、铁等元素，常食能提高宝宝的免疫力。

适合年龄
1.5岁以上

海带豆腐 补碘补钙

材料： 海带 10 克，豆腐 50 克。
调料： 葱段 1 克，姜末 2 克，植物油适量。

营养师这样做

1 海带泡发，洗净切段；豆腐切块。
2 锅内倒油烧热，将豆腐煸黄，倒入适量水，放入海带段、葱段大火烧开，中小火炖 20 分钟，撒上姜末即可。

对宝宝的好处

海带中钙和碘含量都较高，豆腐富含蛋白质，两者搭配食用，能预防甲状腺肿大，还能促进宝宝骨骼和牙齿发育。

适合年龄
1.5岁以上

肉末海带面 补铁、防止宝宝便秘

材料： 猪肉末、面条各 20 克，海带丝 30 克。
调料： 盐 1 克，酱油、葱末、植物油各适量。

营养师这样做

1 海带丝洗净；猪肉末加酱油、葱末拌匀。
2 锅中加水煮沸，放入面条用中火煮熟，捞出沥水。
3 另取一锅置火上，倒油烧热，下入肉末用大火煸炒片刻，加适量清水、海带丝转小火同煮 10 分钟，再放入煮好的面条，加盐调味即可。

核桃

宝宝的“智力果”

宝宝开始添加月龄：1岁

哪些宝宝不适合吃：核桃有润肠作用，吃多了还容易导致上火，因此有腹泻和上火症状的宝宝不宜食用。

• 对宝宝的好处

1 核桃中含有大量的卵磷脂，可以促进宝宝的脑部发育，提高宝宝智力。

2 核桃中富含B族维生素和维生素E，B族维生素参与蛋白质、脂肪、碳水化合物的代谢，使脑细胞的兴奋和抑制处于平衡状态；维生素E可以增强记忆力，强健大脑。

3 在核桃的蛋白质中含有一种对人体极为有益的物质——赖氨酸，它是人体所必需的8种氨基酸之一，也是健脑的重要物质，有助于提升宝宝的智力，增强记忆力。

4 核桃中还含有丰富的宝宝成长不可或缺的矿物质，如锌、锰、铬、硒等，可以提高宝宝抵抗力。

• 营养师教你营养搭配

核桃＋黑芝麻

核桃和黑芝麻都富含卵磷脂，两者搭配食用，可以促进宝宝大脑的发育，提高宝宝的智力。此外，还有乌发护发的作用。

推荐宝宝餐：黑芝麻核桃粥（1.5岁以上宝宝）

• 这样烹调最健康

1 核桃仁表面的褐色薄皮有苦味，有些妈妈会把它剥掉，这样就会损失掉一部分营养，所以不要剥掉这层薄皮。

2 1岁以内的宝宝咀嚼功能还没有发育成熟，妈妈可以把核桃打磨成粉状，添加到粥或配方奶中，做成核桃粥、核桃奶来给宝宝食用。

• 让宝宝更爱吃的做法

将红枣和核桃放入微波炉中烤一下，烤到红枣外皮微微发脆，核桃易于去皮的程度取出。红枣去核，核桃去皮，然后将核桃包进红枣里，枣夹核桃就成功了。枣肉软软的，核桃香香的，外形好看，味道香甜。

枣泥核桃露 提高宝宝智力

材料： 核桃仁10克，红枣5枚，大米20克。

调料： 冰糖适量。

营养师这样做

1 大米洗净；核桃仁用开水稍微浸泡；红枣洗净，捣成泥。

2 将核桃仁、大米和枣泥倒入粉碎机中，加2次水粉碎2次。

3 锅中加水和冰糖，待冰糖融化后，倒入做好的大米、核桃、红枣碎熬至黏稠即可。

适合年龄
1.5岁以上

山楂核桃饮 益智、开胃

材料： 核桃仁20克，山楂30克。

调料： 冰糖适量。

营养师这样做

1 核桃仁加水，倒入料理机打成浆，调稀。

2 山楂洗净，去核，切片，加水煮30分钟，滤出山楂汁，放入锅中煮，加入冰糖搅拌均匀。

3 倒入核桃汁，煮至稍微沸腾即可。

适合年龄
1.5岁以上

黑芝麻核桃粥 健脑益智

材料： 黑芝麻30克，核桃仁10克，糙米60克。

调料： 红糖适量。

营养师这样做

1 将核桃洗净，切碎；糙米洗净后用水泡30分钟，使其软化易煮；黑芝麻去杂质，洗净。

2 将核桃碎、黑芝麻连同糙米一起入锅煮至熟烂，加红糖调味即可。

对宝宝的好处

核桃富含亚油酸、亚麻酸，对健脑益智有帮助，核桃搭配有乌发功效的黑芝麻，护发效果更好。

红枣

理想的补血小红果

宝宝开始添加月龄：9 个月

哪些宝宝不适合吃：红枣性温，吃多了容易上火，大便不顺畅的宝宝要慎食红枣。

• 对宝宝的好处

1 红枣含有较多的铁、维生素 C，是很好的补血食材，可以预防宝宝贫血。

2 红枣中含有丰富的蛋白质、钙、磷等，可以促进宝宝骨骼发育。

3 红枣中碳水化合物、有机酸等含量丰富，易于消化，还能帮助宝宝增强食欲。

4 红枣中的环磷酸腺苷可帮助宝宝扩张血管，增强心肌收缩力，使宝宝拥有健康的心脏。

5 红枣中富含叶酸，叶酸参与血细胞的生成，促进宝宝神经系统的发育。而且红枣中含有微量元素锌，有利于宝宝大脑的发育，促进宝宝的智力发展。

Tips

宝宝服用退烧药时不要食用红枣。服用退烧药物同时食用含糖量高的食物容易形成不溶性的复合体，减少药物初期的吸收速度。红枣属于含糖量高的食物，所以不能与退烧药物同食。

• 营养师教你营养搭配

红枣 + 山楂

红枣和山楂中的铁、有机酸含量都较高，两者搭配，具有消食化滞、补铁、促进食欲的作用，尤其适合食欲缺乏的宝宝食用。

推荐宝宝餐：山楂红枣汁（1.5 岁以上宝宝）

• 这样烹调最健康

1 烹饪红枣时，如用煎煮的方法，最好将红枣剖开，分为 3~5 块，这样有利于有效成分的煎出，营养吸收更充分。

2 由于红枣的外皮中营养很丰富，将枣去核后，连皮一起煮烂炖汤给宝宝食用，能最大限度地利用红枣的营养价值。

• 让宝宝更爱吃的做法

将红枣洗净，用水泡软 30 分钟，切开红枣去核；糯米面和成面团，搓成椭圆形塞入红枣中，放入冷水中蒸 10 分钟，可以在上面淋点蜂蜜，味道更好。

芋头枣泥羹 调理缺铁性贫血

材料：芋头 50 克，红枣 5 枚，木耳 30 克。

营养师这样做

1 将红枣洗净，去核后切成碎丁；木耳泡发，切成小片；芋头去皮，切成碎丁。

2 将红枣丁、木耳片、芋头丁放入清水中，用大火煮开后，小火炖成黏稠状即可。

对宝宝的好处

红枣和木耳都是非常好的补铁食物，尤其是木耳，100 克木耳中含有 180 毫克的铁。

适合年龄 1.5岁以上

红枣莲子粥 补血、安神

材料：大米 30 克，红枣 5 枚，莲子 5 克。

营养师这样做

1 红枣去核，洗净，切成碎丁；莲子压成碎末；大米洗净。

2 将红枣丁、莲子末、大米一起下锅大火煮开，然后小火煮成黏稠状即可。

对宝宝的好处

红枣中富含铁，可避免正处在生长发育高峰期的宝宝发生缺铁性贫血，是十分理想的补铁食物。

适合年龄 1.5岁以上

山楂红枣汁 消食化滞、补铁

材料：山楂 30 克，红枣 8 枚。

营养师这样做

1 山楂洗净，去核，切碎；红枣洗净，去核，切碎。

2 将山楂碎、红枣碎放入榨汁机中，加适量水搅打均匀即可。

对宝宝的好处

此汁有很好的消食化滞、补铁、促进食欲的作用，适合宝宝饮用，可以预防贫血。

黑芝麻

乌发的滋养品

宝宝开始添加月龄：10 个月

哪些宝宝不适合吃：黑芝麻含有大量油脂，有润肠作用，腹泻或大便稀的宝宝不宜食用。

• 对宝宝的好处

1 黑芝麻中的维生素 E 能保护宝宝的皮肤健康，促进血液循环，使宝宝的皮肤得到充分的滋养，富有弹性。

2 黑芝麻所含的卵磷脂能提高大脑的活动机能，可以作为宝宝的健脑食品。

3 黑芝麻中的油脂能润肠通便，对便秘的宝宝有很好的调理作用。

4 黑芝麻还富含生物素，对宝宝身体虚弱、脱发有很好的效果。

5 黑芝麻中的芝麻素有抗氧化作用，可以清除体内的自由基，保护宝宝的心脏和肝脏健康。

Tips

白芝麻含油量高，色泽洁白，籽粒饱满，种皮薄，口感好，后味香醇，食用以白芝麻为好；黑芝麻富含脂肪和蛋白质，还含有碳水化合物、维生素 E、卵磷脂、钙、铁、铬等营养成分，补益用黑芝麻为好。

• 营养师教你营养搭配

黑芝麻 + 五谷类

黑芝麻中油脂较多，大米、紫米等五谷中含有丰富的碳水化合物，两者搭配食用，能为宝宝提供基础能量，维持身体健康。

推荐宝宝餐：黑芝麻粥（10 个月以上宝宝）

• 这样烹调最健康

1 因为黑芝麻外面包裹的硬膜中含有较多的营养素，因此宜将黑芝麻整粒碾碎后，给宝宝烹饪食用，这样所含营养会得到充分利用。

2 黑芝麻炒熟后可以做成粥或者饼，既美味，又营养。

• 让宝宝更爱吃的做法

将炼乳、奶粉、低筋面粉、黑芝麻放入软化的黄油中搅匀，揉成面团。在案板上铺一层保鲜膜，放上面团，压扁，上面再盖一层保鲜膜，擀成均匀的大片，厚度以 0.3 厘米为宜，用饼干模具压成星星形状，放入烤箱中烤熟，黑芝麻满天星饼干就做成了。

黑芝麻粥 乌发

材料：大米30克，黑芝麻5克。

营养师这样做

1 黑芝麻洗净，炒香，碾碎；大米洗净。
2 砂锅置火上，倒入适量清水大火烧开，加大米煮沸，转用小火煮至八成熟时，放入芝麻碎拌匀，继续熬煮至米烂粥稠即可。

对宝宝的好处

黑芝麻性平，味甘，归肾经，具有补肾的功效，能乌发护发。

芝麻南瓜饼 促进发育

材料：南瓜、面粉各50克，鸡蛋1个，黑芝麻少许。

调料：植物油适量。

营养师这样做

1 将南瓜削皮，去瓤和子，洗净，切成小块；鸡蛋打散。
2 南瓜用水煮至熟透，然后用勺子碾碎，加入面粉、鸡蛋，搅拌均匀。
3 将和匀的南瓜拍成圆形的南瓜饼，表面粘上黑芝麻。
4 锅内倒油，五成热时放入南瓜饼煎熟，盛盘即可。

如何为宝宝选择最健康的食物

• 选择本地的有机农产品

可为宝宝优先选择本地的有机、无污染的农产品。因为本地产品不仅成熟度好，不需要长时间的运输，营养价值损失小，而且不需要用保鲜剂来进行防腐处理，是比较安全、健康的食物。爸爸妈妈们如果能为宝宝选择有机或绿色的水果、蔬菜当然是最好的，但也要根据自己的经济情况决定。

• 选择应季食物

爸爸妈妈们要多留心了解一下各种粮食、蔬菜、水果和海产品等食物分别是哪个季节上市的，然后多给宝宝选择应季的食物来吃，因为应季食物喷洒的农药、化肥、激素等成分相对较少，相比那些反季节食物更健康。比如正常应在 7 月份上市的西瓜，不要在春节的时候买给宝宝吃。

• 不要自行为宝宝购买保健品

保健食品是由国家有关部门审核批准的特殊食品，它具有一定的保健功能。但要注意，爸爸妈妈们不要自行为宝宝购买保健食品。比如由不良饮食习惯造成的营养缺乏，就以服用保健品来补充宝宝需要的营养，这是本末倒置的办法。

宝宝钙不足时，首先考虑摄入富含钙的鲜牛奶、酸奶、虾皮、豆制品等，而不是补钙剂；宝宝如果缺乏蛋白质，可以吃鸡鸭鱼肉等富含蛋白质的食物，而不是蛋白粉；缺铁时则应考虑吃些瘦猪肉、牛肉、动物肝脏、动物血等富含铁的食物。

如果通过饮食来纠正营养素缺乏收效不好，可让营养师做出明确诊断，如果明确诊断为营养不良的宝宝，可以在营养师的指导下考虑采用某些合适的保健品，但保健品不宜长期服用。

“绿色食品AA级”和“绿色食品A级”

根据新鲜食品的分类分级，“绿色食品AA级”，即有机食品，是最好的健康食品，因为它不含有化肥、农药、防腐剂、色素及转基因成分等。其次是“绿色食品A级”，允许限量使用农药、化肥、激素等人工合成物质。很多绿色食品上面有这两种产品的标志，绿底白标志的是“A级绿色食品”，白底绿标志的为“AA级绿色食品”。

Part 5

创意辅食，让宝宝越吃越开心

大黄鸭南瓜泥 加速肠胃蠕动

材料： 南瓜50克，胡萝卜20克，海苔10克，配方奶粉25克。

营养师这样做

1 南瓜去皮、去子和瓤，切块，蒸熟；胡萝卜洗净，切片，蒸5分钟取出；配方奶粉加温水搅开。

2 将蒸熟的南瓜和适量的水放入料理机搅成糊状，然后倒入碗中。

3 用海苔剪成眼睛，胡萝卜片剪成鸭嘴，分别放在合适的位置，用配方奶粉点上眼球即可。

对宝宝的好处

南瓜含有丰富的膳食纤维，胡萝卜含有丰富的维生素，搭配食用，能加速宝宝肠道蠕动，预防便秘的发生。

海绵宝宝 明目护眼

材料： 吐司面包10克，海苔20克，黄瓜30克，芝士片30克，火腿肠5克，胡萝卜8克。

调料： 香油1克。

营养师这样做

1 芝士片刻成圆形做眼睛；火腿肠片做腮红；切下红萝卜头做鼻子；海苔剪细条装饰眼睫毛、嘴巴、腰带。

2 用牛奶吸管刻黄瓜皮做眼仁儿；芝士切两个小三角做衣领；胡萝卜切片刻成领带；用模具在火腿上刻下几个小鱼做装饰，即可摆盘。

茄汁土豆泥 健脾胃、保护视力

材料： 土豆泥、番茄碎各 50 克，洋葱末 10 克，熟红豆 2 颗。

调料： 植物油、黄油各适量。

营养师这样做

1 锅中加油烧热，煸香洋葱末，加入番茄碎炒成汁，放入黄油和土豆泥炒匀。

2 用模型做成小熊头的形状，然后用熟红豆做小熊的眼睛即可。

小猪豆沙包 健脾化湿

材料： 面粉 40 克，红豆沙馅 20 克，熟绿豆 2 颗，胡萝卜片若干。

调料： 干酵母适量。

营养师这样做

1 干酵母用温水化开，倒入面粉中搅匀，揉成面团，醒 20 分钟。

2 将面团切成剂子，按成圆饼，放入红豆沙馅，做成小猪造型，用熟绿豆做眼睛，将小猪生坯放入锅中蒸熟，用胡萝卜片做小猪耳朵和嘴巴点缀即可。

豇豆棒棒糖 补充维生素

材料： 豇豆 20 克，蒜蓉 3 克。

调料： 香油、盐各 1 克。

营养师这样做

1 豇豆择洗干净，放入沸水中煮熟，变色后捞出凉凉并沥水；将蒜蓉、盐、香油调成料汁。

2 将煮熟的豇豆卷成卷，用竹扦从侧面穿入，固定成棒棒糖样，撒上调料汁即可。

小鸡出壳豆芽菜

健脑通便

材料：鸡蛋 2 个，海苔 10 克，胡萝卜 20 克，绿豆芽 30 克。

调料：盐 2 克。

营养师这样做

1 胡萝卜和绿豆芽洗净；鸡蛋煮熟去壳，大头朝下用 V 形刀在 2/3 处切一圈，然后将蛋白去掉；海苔剪出眼睛，部分胡萝卜剪出小鸡的嘴巴，放在蛋黄上，然后套上蛋白即小鸡；剩下的胡萝卜切成小花备用。

2 锅内倒油烧热，放入绿豆芽和胡萝卜花翻炒片刻，加盐。

3 将豆芽和胡萝卜小花装盘，上面放上小鸡即可。

娃娃脸鸡蛋羹

促进大脑发育

材料：鸡蛋 1 个，火腿肠片、海苔片、黄瓜片各 5 克。

调料：盐、香油各 1 克。

营养师这样做

1 鸡蛋打散后，加入和蛋液等量体积的水、适量盐调味，用打蛋器按照一个方向轻轻打匀蛋液，放入蒸锅中开大火，水开后改中火蒸 8～10 分钟即可取出。

2 将海苔剪成娃娃的头发，火腿肠切成圆片为眼睛，海苔丁做眼仁，黄瓜切成月牙形状为娃娃的嘴巴，然后滴上香油即可。

翠绿青蛙水煮蛋 健脑益智

材料： 水煮鸡蛋1个，炒熟的百合2克，生菜叶8克，黄瓜15克，胡萝卜花1朵。

调料： 盐1克。

营养师这样做

1 生菜叶洗净，用淡盐水浸泡片刻，洗净；鸡蛋切两半；黄瓜洗净，取皮，用刀具将黄瓜皮雕成青蛙腿的模样和四个圆圆的青蛙眼珠。

2 生菜叶开水焯烫，然后将切开的鸡蛋包裹住，再将青蛙腿安装好，将青蛙眼珠分别安装在百合瓣上，作为青蛙的眼睛，放在合适的位置，摆上胡萝卜花即可。

房子历险记 补充多种维生素

材料： 西蓝花50克，鸡蛋1个，海苔8克，熟米饭、熟鹌鹑蛋、草莓、圣女果各适量。

调料： 盐1克，植物油适量。

营养师这样做

1 西蓝花用盐水洗净，掰成小朵；用方盒子垫上保鲜膜放上米饭，倒扣在盘子中。

2 鸡蛋打散摊成蛋饼，放凉，剪成长方形盖在米饭上；将海苔剪成门和窗户的形状备用。

3 锅内倒油烧热，炒软西蓝花，加盐炒匀，然后将西蓝花围在米饭周围。

4 圣女果、鹌鹑蛋、草莓用牙签插上，然后插在米饭上即可。

小蜜蜂蛋包饭 **补充优质蛋白质**

材料： 洋葱20克，虾25克，鸡蛋1个，海苔、米饭各适量。

调料： 水淀粉适量，橙子皮1个，盐1克。

营养师这样做

1 洋葱去老皮，切碎；虾仁去虾皮、虾线，切碎；蛋清和蛋黄分开加入水淀粉打散，分别摊成蛋饼。

2 锅内放油，将洋葱碎、虾仁碎炒熟，放入米饭，加盐调味。

3 取米饭放入黄色蛋饼上，包成长方形；用白色蛋饼剪成两个水滴形状的蜜蜂翅膀；用橙子皮做小蜜蜂的脸部和触角头；用海苔剪成蜜蜂的触角、头发、眼睛、嘴巴、衣服上的花纹、腿等装饰在蛋包饭上即可。

米奇宝宝 **健脾养胃**

材料： 大米、糯米各50克，黑米30克，樱桃、胡萝卜片各适量。

调料： 白糖、海苔、奶酪各适量。

营养师这样做

1 大米、糯米洗净，蒸熟；黑米洗净，放入适量水和白糖一起蒸熟。

2 用白色米饭堆成米奇的脸，黑色米饭做成耳朵和鼻子；用海苔剪成嘴巴和眼珠，用奶酪剪成眼睛，用胡萝卜片做成舌头，然后放在合适的位置上，用樱桃点缀即可。

Part 6

吃对辅食，宝宝身体棒

补钙辅食，让宝宝骨骼更强壮

钙对宝宝最重要的作用是促进骨骼生长和坚固牙齿。因为人体内含钙1000～1200克，其中99%存在与骨骼和牙齿中。而宝宝处于不断成长中，不断地需要钙，所以及时给宝宝补充钙非常重要。

钙每天的推荐摄入量

0～6个月宝宝：200毫克
6个月～1岁宝宝：250毫克
1～3岁宝宝：600毫克

注：以上数据参考中国标准出版社《中国居民膳食营养素参考摄入量速查手册（2013版）》

镁是促进钙吸收的“好搭档”

钙与镁如同一对好搭档，当两者的比例为2∶1时，最利于钙的吸收与利用。遗憾的是，妈妈们往往注重补钙，却忘了给宝宝补镁，导致宝宝体内镁元素不足，进而影响钙的吸收。镁在以下食物中含量较多，如坚果（杏仁、腰果和花生）、黄豆、瓜子、谷物（特别是小米和大麦）、海产品（青鱼、小虾、龙虾）等。

吃进去多少钙，一眼就看清楚

1袋（250毫克）牛奶
约含300毫克钙

25克豆腐
约含41毫克钙

50克菠菜
约含33毫克钙

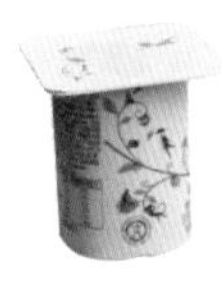

1盒酸奶
约含200毫克钙

蛋白质摄入过量会“排挤”钙

大鱼大肉富含蛋白质，如果经常给宝宝吃大鱼大肉，会影响宝宝对钙的吸收。实验显示：每天摄入80克蛋白质，体内将流失37毫克的钙；如果每天蛋白质的摄入量增加到240克，即使额外补充1400毫克钙，也会导致体内有137毫克的钙流失，表明额外补钙也不能阻止高蛋白所引起的钙流失。因此，妈妈们不要每天都给宝宝吃大鱼大肉，打破了食物的酸碱平衡，无论怎么补钙也于事无补。

宝宝补钙食材精选

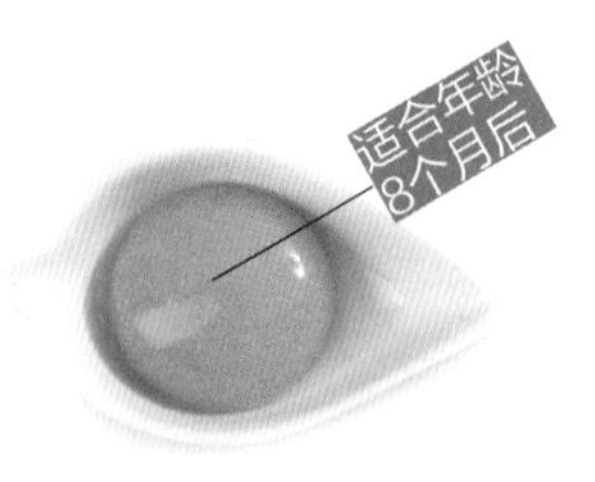

蛋黄：每 100 克可食部含钙 112 毫克，富含优质蛋白质，有利于钙的吸收。

豆腐：每 100 克可食部含钙 164 毫克，蛋白质和钙质比例合适，有利于宝宝的吸收。

黄豆：每100克可食部含钙191毫克，且富含镁，有利于钙的吸收。

牛奶：每 100 克可食部含钙 104 毫克，且钙容易被身体吸收。

补钙应避免的事儿

1.不要喝太多碳酸饮料。人体内钙和磷比例为2：1时为完美组合，多喝碳酸饮料就会破坏这种组合，影响宝宝骨骼的发育。

2.不要忘记补鱼肝油。因为宝宝体内缺少鱼肝油，钙就会缺乏润滑，影响宝宝骨骼发育。

3.不要给宝宝补钙时，吃含草酸或植酸的辅食，否则会影响钙的吸收。

4.不要过量给宝宝补充钙剂。因为钙剂补充多了，会降低钙质在宝宝体内的吸收利用率。

宝宝营养辅食推荐

适合年龄 8个月以上

蛋黄糊 补钙

材料： 熟蛋黄 1 个，大米粥 25 克。

营养师这样做

1 熟蛋黄放入研磨器中压成泥，用少量温开水化开。
2 将大米粥放入锅中小火加热，煮开后加入蛋黄泥搅匀，烧开即可。

适合年龄 1岁以上

火龙果牛奶 开胃、健脑

材料： 火龙果 50 克，牛奶 250 克，白糖适量。

营养师这样做

1 火龙果取果肉，果皮留整。
2 将火龙果肉加牛奶，一同倒入搅拌机，稍微搅拌，放入果皮中，食用前，加入白糖即可。

补铁辅食，宝宝不贫血

铁是人体制造血液时必不可少的元素，缺铁容易出现贫血和生理功能失调。宝宝出生后 6 个月，从妈妈体内得到的铁质已经不能满足成长的需要，而母乳中铁含量也在降低，所以妈妈就要开始有意识地在辅食中合理添加含铁食物。

铁每天的推荐摄入量

0~6 个月宝宝：0.3 毫克
6 个月~1 岁宝宝：10 毫克
1~3 岁宝宝：9 毫克

注：以上数据参考中国标准出版社《中国居民膳食营养素参考摄入量速查手册（2013 版）》

适量吃些酸性水果

酸性食物能增加胃内酸的含量，促进铁质的吸收和利用，所以平时可以给宝宝适量吃些酸性水果。4 个月可以选择苹果，如苹果汁；5~6 个月可以选择番茄，如番茄泥；7~8 个月可以选择葡萄，如葡萄汁；9~10 个月可以选择香蕉，如香蕉干；11~12 个月可以选择橘子，如整个橘子。

铁和维生素 C 搭配，提高吸收率

动物性食物一般均含有铁，植物性食物一般均含有维生素 C，建议宝宝动、植物食物同食，这样可增加铁的吸收率，因为维生素 C 具有促进铁吸收的功能。另外，妈妈们宜用铁锅、铁铲等铁制炊具给宝宝烹调食物，这样有助于宝宝对铁元素的吸收。

含铁较高的食物
瘦肉、猪肝、菠菜、海带、木耳、香菇等

含维生素C丰富的食物
樱桃、橙子、草莓、香椿、蒜薹、菜花、苋菜等

促进铁的吸收

菠菜不是补铁绝佳食材

菠菜含铁量虽高，但其所含的铁很难被肠道吸收，而且菠菜还含有一种叫草酸的物质，很容易与铁作用形成沉淀，使铁不能被人体吸收，从而失去补血的作用，所以不要用菠菜煮水来给宝宝补铁。

此外，菠菜中的草酸还易与钙结合成不易溶解的草酸钙，影响宝宝对钙质的吸收。如果无法避免，要尽可能与海带、蔬菜、水果等碱性食物一同食用，以促使草酸钙溶解排出，防止结石形成。

宝宝补铁食材精选

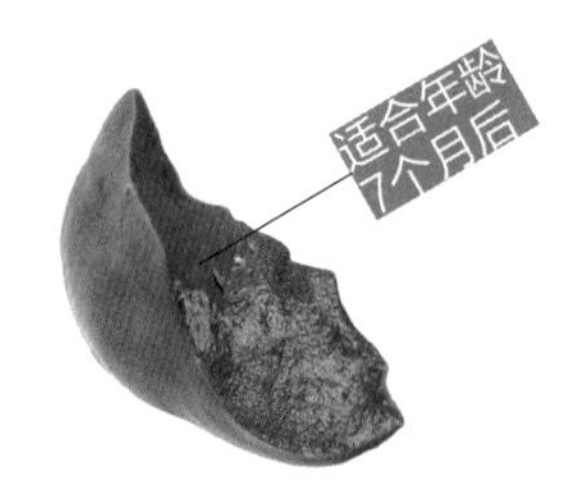

猪肝：每100克可食部含铁22.6毫克，含有丰富的铁，且容易被宝宝吸收。

动物血：每100克可食部含铁8.7毫克，且为血色素铁，吸收率高。

黑木耳（干）：每100克可食部含铁97.4毫克，含铁量高，是补血佳品。

纠正贫血，要适量饮用牛奶

妈妈在给宝宝纠正贫血的过程中，切不可为了给宝宝增加营养而过多地让其饮用牛奶，因为牛奶含磷较高，会影响铁在体内的吸收，加重贫血症状。

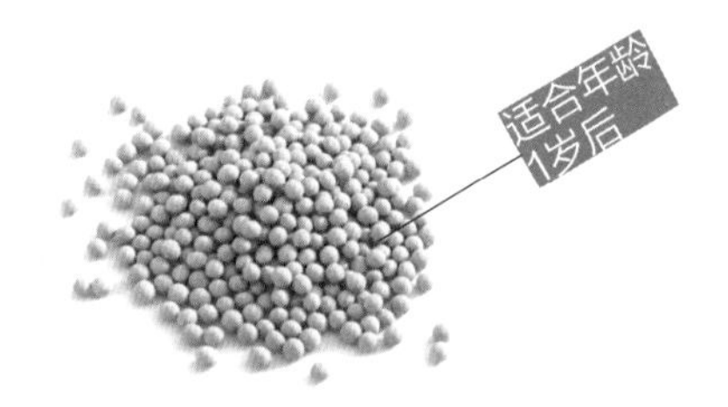

黄豆：每100克可食部含铁8.2毫克，其中铁被人体吸收率为7%，远比米、面中铁的吸收率高。

宝宝营养辅食推荐

适合年龄
8个月以上

鸡血炖豆腐 调理缺铁性贫血

材料：鸡血、北豆腐各50克，油菜心30克。

营养师这样做

1 将鸡血、北豆腐切成小丁；油菜心洗净，切成小段。

2 将鸡血丁、北豆腐丁、油菜心段放入锅中炖炒至熟烂即可。

适合年龄
1岁以上

桂圆红枣豆浆 益心脾、补气血

材料：黄豆10克，桂圆15克，红枣5枚。

营养师这样做

1 黄豆用清水浸泡8~12小时，洗净；桂圆去壳、去核；红枣洗净，去核，切碎。

2 把上述食材一同倒入全自动豆浆机中，加水至上下水位线之间，按下“豆浆”键，煮至豆浆机提示豆浆做好即可。

补锌辅食，促进宝宝生长发育

锌是宝宝成长发育必需的元素，但随着母乳质量的下降和辅食的添加，补锌变得越来越重要了。因为宝宝缺锌会导致味觉系统迟钝、食欲缺乏，甚至会出现厌食症，进而影响生长发育。此外，锌缺乏还会导致宝宝皮肤粗糙、干燥，头发没有光泽等症状。

• 锌每天的推荐摄入量

0~6 个月宝宝：2.0 毫克
6 个月~1 岁宝宝：3.5 毫克
1~3 岁宝宝：4.0 毫克

注：以上数据参考中国标准出版社《中国居民膳食营养素参考摄入量速查手册（2013 版）》

• 吃进去多少锌，一眼就看清楚

50克虾仁
约含2毫克锌

50克牡蛎
约含4.7毫克锌

• 吃些富含钙与铁的食物，促进锌的吸收

锌必须在与其他营养素达到平衡状态时才能发挥作用。单纯补锌，不仅难以被人体吸收和发挥功效，还会破坏人体平衡，对人体造成危害。如单纯补锌，会影响身体对铜的吸收，形成缺铜性贫血。所以，补锌的同时，补充钙与铁两种营养素，可促进锌的吸收与利用，因为这 3 种元素可协同作用。

另外，有些营养素也会干扰补锌的效果，比如维生素 C 会与锌结合形成不溶性复合物，不利于锌的吸收。

• 动物性食品含锌量高

动物性食品含锌量普遍较多，每 100 克动物性食品中含锌 3~5 毫克，并且动物性食品蛋白质分解后所产生的氨基酸还能促进锌的吸收。植物性食品中含锌较少，每 100 克植物性食品中大约含锌 1 毫克。各种植物性食物中含锌量比较高的有豆类、花生、小米、萝卜、大白菜等。

缺锌容易“找上”哪些宝宝

缺锌人群	主要原因
早产儿	如果宝宝不能在母体内孕育足够的时间而提前出生，就容易错过在母体内储备锌元素的黄金时间（一般是在孕末期的最后1个月）
非母乳喂养的宝宝	母乳中含锌量大大超过普通配方奶，更重要的是，其吸收率高达42%，这是任何非母乳食品都不能比的
过分偏食的宝宝	有些宝宝从小拒绝吃任何肉类、蛋类、奶类及其制品，这样非常容易缺锌

宝宝补锌食材精选

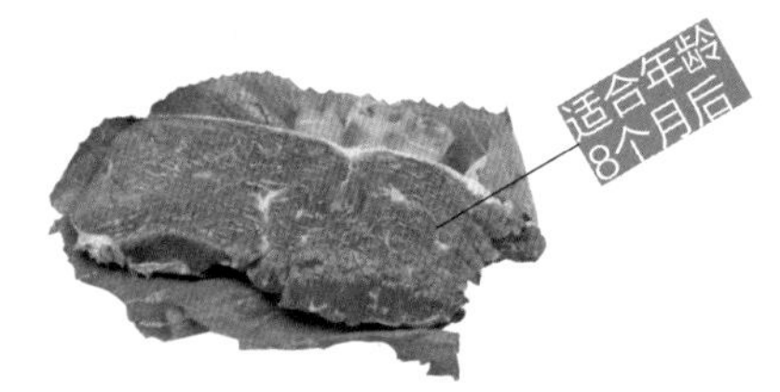

牛肉：每100克可食部含锌7.61毫克，且有补中益气、增强食欲、强身健体的作用。

猪瘦肉：每100克可食部含锌4.28毫克，且含丰富的铁。

宝宝营养辅食推荐

适合年龄
8个月以上

番茄肝末 开胃、促进消化

材料：猪肝、番茄80克，洋葱20克。

营养师这样做

1 先将猪肝洗净、切碎；番茄用开水烫一下，去皮，切碎块；洋葱剥去皮、洗净，切碎。

2 把猪肝碎、洋葱碎一起放入锅里，加入水煮，快熟时放入番茄碎块即可。

适合年龄
12个月以上

豆腐肉丸 补锌、健脾胃

材料：猪瘦肉20克，豆腐30克，鸡蛋半个，面粉适量。

调料：葱末2克，盐1克。

营养师这样做

1 豆腐洗净，碾碎；猪瘦肉剁成肉末，加入豆腐中（肉馅是豆腐的2倍）。

2 鸡蛋打散，和面粉、葱末和盐一起放入馅料里，搅拌至黏稠。

3 用手把馅料搓成丸子形状，摆放在盘子中蒸熟即可。

健脑益智辅食，让宝宝成为智多星

每个父母都希望自己养育一个聪明伶俐的宝宝。聪不聪明除了先天的影响之外，后天的饮食调养和科学用脑也是十分重要的。而通过饮食调理促进宝宝大脑发育，无疑是最安全，也是最科学的，因为宝宝可以在享受美味的同时，还能补充充足的营养，可谓一举两得。

• 补充卵磷脂，促进宝宝大脑发育

卵磷脂是构成细胞膜的重要物质，而脑细胞膜负责给脑细胞输入营养，排出废物，保护脑细胞不受有害物质的侵害。而卵磷脂充足可以让脑细胞代谢加速，增强免疫和再生能力，所以充足的卵磷脂可以使宝宝反应速度，记忆力增强。

妈妈可以多给宝宝吃些富含卵磷脂的食物。4 个月以后就可以吃些谷物，如大米汤等；8 个月以后可以吃些蛋黄、鱼类等，如蛋黄小米粥、鱼泥等。

• 吃得过饱会让宝宝变成“笨小孩”

如果宝宝比较喜欢吃辅食，往往吃得过饱，就会导致摄入的热量大大超过消耗的热量，使热量转变成脂肪在体内蓄积。如果脑组织的脂肪过多，就会引起“肥胖脑”。宝宝的智力与大脑沟回皱褶多少有关，大脑的沟回越明显、皱褶越多越聪明。而“肥胖脑”使沟回紧紧靠在一起，皱褶消失，大脑皮层呈平滑样，而且神经网络的发育也差，随之宝宝智力水平就会降低。所以，妈妈给宝宝喂辅食时，要控制好量。

• 远离有损大脑发育的食物

有损大脑食物	具体食物	危害
含铅食物	爆米花、松花蛋、膨化食品	含铅量过高会造成大脑不可逆的损伤，进而引起智力低下
含过氧化脂质的食物	熏鱼、烧鸭、烧鹅、炸薯条、腌肉	过氧化脂质容易导致大脑早衰或痴呆，直接有损大脑发育
过咸的食物	咸菜、榨菜、咸肉、豆瓣酱	过咸的食物会损伤动脉血管，影响脑组织的血液供应，造成脑细胞的缺血缺氧，导致记忆力下降、智力低下
含铝食物	油条、油饼、粉丝	容易造成记忆力下降，反应迟钝，甚至导致痴呆

宝宝健脑益智食材精选

鱼肉：富含DHA，可增强神经细胞的活力，增强宝宝记忆能力。

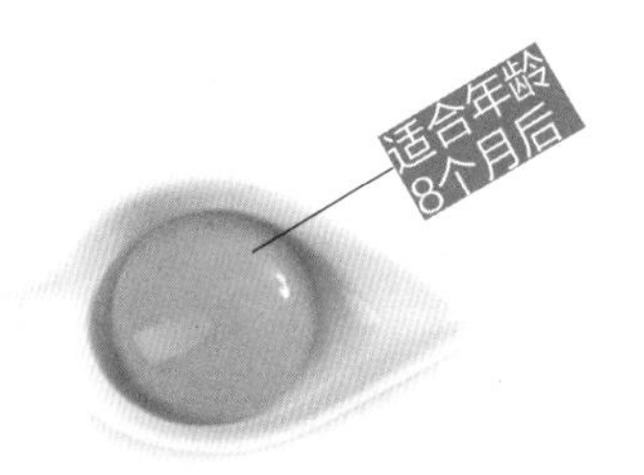

蛋黄：富含卵磷脂、蛋黄素等脑细胞必需的成分，有助于增强神经系统的功能，促进宝宝大脑的发育。

黑芝麻：富含卵磷脂、蛋白质，对补脑有很好的作用。

核桃：富含赖氨酸和不饱和脂肪酸等物质，对增进脑神经功能有重要作用。

宝宝营养辅食推荐

适合年龄
1岁以上

蛋黄豆浆 促进大脑发育

材料：黄豆10克，煮鸡蛋黄碎30克。

营养师这样做

1 黄豆用清水浸泡8~12小时，洗净。
2 将黄豆倒入全自动豆浆机中，加水按下“豆浆”键，煮至豆浆机提示豆浆做好，过滤后加鸡蛋黄碎搅拌均匀即可。

对宝宝的好处

蛋黄是物美价廉的健脑益智食品，加入了蛋黄的豆浆，富含卵磷脂和DHA，能促进宝宝的脑部发育，有健脑益智的功效。

适合年龄
1岁以上

蓝莓核桃 健脑益智

材料：核桃10克，魔芋粉5克，蓝莓酱适量。

营养师这样做

1 核桃洗净，提前泡透；蓝莓酱用水稀释一下。
2 将核桃放入搅拌机，加水打成核桃露。
3 核桃露中加入魔芋粉，拌匀，放入锅中加热煮沸，倒入模具定型后，切块，淋上蓝莓酱即可。

明目护眼辅食，让宝宝眼睛亮晶晶

拥有一双明亮、健康的眼睛能帮助宝宝更清晰、精确地感知、接受、加工外界信息，在大脑皮层形成更多视觉记忆，从而促进大脑开发，提升智力水平。因此，在宝宝成长过程中，视力发育至关重要，而充足的营养则是视力发育的物质基础。

眼睛也需要营养素的“呵护”

营养素	主要作用
胡萝卜素	含胡萝卜素多的食物，如胡萝卜、南瓜、青豆、番茄等，最好用油炒熟了吃或凉拌时加点熟油吃，这样有助于胡萝卜素在人体内转变成维生素 A
维生素 A	最好来源是各种动物的肝脏、鱼肝油、奶类和蛋类，维生素 A 能维持眼角膜正常，不使眼角膜干燥和退化，增强在黑暗中看东西的能力
维生素 C	含维生素 C 丰富的食物有各种新鲜蔬菜和水果，其中尤以青椒、黄瓜、菜花、小白菜、鲜枣、梨、橘子中含量最高
维生素 B_2	含维生素 B_2 多的食物有瘦肉、鸡蛋、酵母、扁豆等。维生素 B_2 能保证眼睛视网膜和角膜的正常代谢
钙	钙对眼睛也是有好处的，钙有消除眼睛紧张的作用。豆类、绿叶蔬菜、虾皮含钙量都比较丰富

食物品种要多样，避免挑食与偏食

宝宝挑食和偏食会造成营养不均衡，一旦身体缺乏某些营养素，就可能影响眼睛的正常功能，造成视力衰退。所以宝宝辅食要做到荤素搭配、粗细搭配，如 8 个月以上的宝宝可以吃些大米燕麦粥等。

1 岁以后要少吃甜食，否则伤眼睛

1 岁以后的宝宝可以吃些甜食了，但也要注意适量，否则不仅会导致宝宝肥胖，还会影响宝宝眼睛的健康。因为甜食中的糖分会影响钙质吸收，使眼球巩膜弹性降低，且高血糖易引起水晶体渗透压改变，使水晶体变凸，导致近视。所以，为了保护宝宝的眼睛，应该尽量少吃甜食。

宝宝明目护眼食材精选

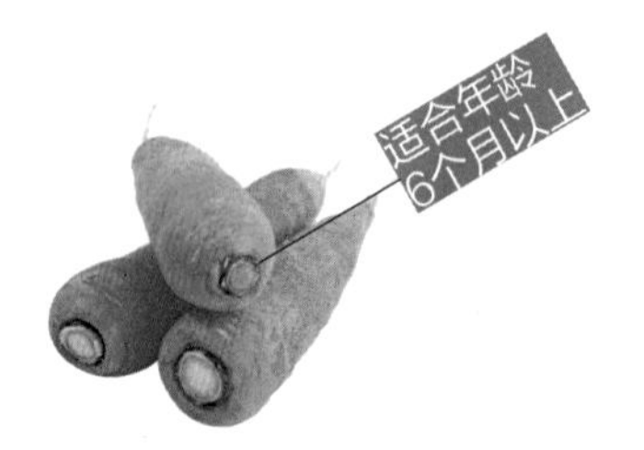

胡萝卜：含有丰富的胡萝卜素，其对于维护眼部健康有很大的帮助。

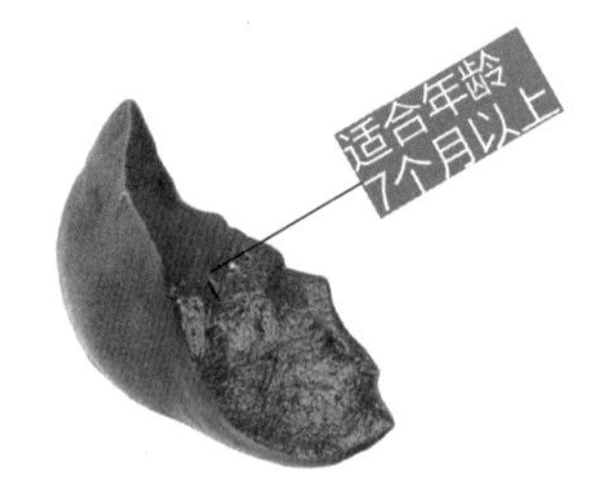

猪肝：猪肝富含维生素A、铁、锌等，是理想的补肝明目食品。

牛肉：性平味甘，能补血养肝明目，防止夜盲症。

多让宝宝接触绿色植物

绿色对眼睛有舒缓作用。平时，妈妈在天气晴朗时，可以带宝宝到空气较好且绿树较多的地方多走动走动，有利于宝宝眼睛健康。

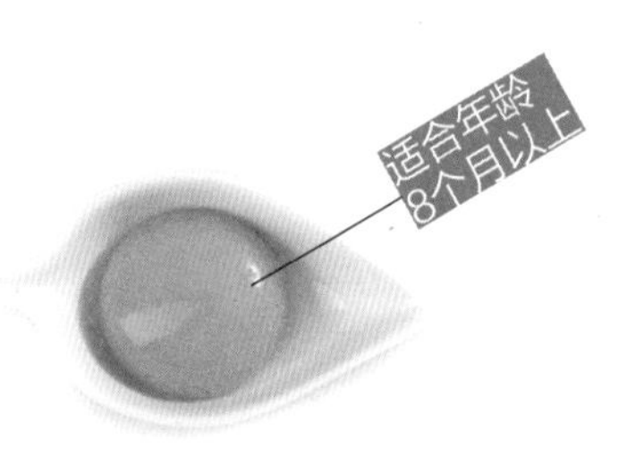

蛋黄：含有叶黄素和玉米黄素，两者具有很强的抗氧化作用，可起到保护眼睛的作用。

宝宝营养辅食推荐

适合年龄
6个月以上

胡萝卜小米粥 辅助调理腹泻

材料： 小米、胡萝卜各30克。

营养师这样做

1 小米洗净，熬成小米粥，取上层米少的米汤，凉凉；胡萝卜去皮洗净，切块，蒸熟。
2 将胡萝卜捣成泥，与小米汤混合，搅拌均匀成糊状即可。

对宝宝的好处

胡萝卜含有胡萝卜素、B族维生素、花青素、钙、铁等营养成分，有健脾和胃、补肝明目等功效。

适合年龄
1岁以上

猪肝瘦肉泥 补肝明目

材料： 猪肝30克，猪瘦肉15克。
调料： 葱花2克，盐1克，香油适量。

营养师这样做

1 猪肝洗净，切碎；猪瘦肉洗净，剁碎成肉泥。
2 将猪肝碎和猪瘦肉泥放入碗内，加入少许水和香油、盐，拌匀。
3 放入蒸笼蒸熟，撒上葱花即可。

乌发护发辅食，让宝宝头发乌黑浓密

父母都希望自己的宝宝拥有一头乌黑浓密的头发，但有些宝宝的头发稀疏发黄，虽然与遗传有一定的关系，但也与饮食有很大的关系，父母可以通过饮食来调整这一状况。

宝宝头发枯黄的原因

甲状腺功能低下

高度营养不良

重度缺铁性贫血

大病初愈

这些原因导致宝宝体内黑色素减少，使乌黑头发的基本物质缺乏，黑发逐渐变为黄褐色或淡黄色。

营养不良性黄发的饮食策略

应注意调配饮食，改善宝宝身体的营养状态。多吃些富含蛋白质、胱氨酸及半胱氨酸的食物，它们是养发护发的最佳食品。9 个月以上的宝宝可以吃些黑芝麻等；12 个月以上的宝宝可吃些鸡蛋、猪肉、黄豆、花生、核桃等。

酸性体质黄发的饮食策略

酸性体质黄发，多与血液中酸性毒素增多和给宝宝喂食过多的甜食、大鱼大肉有关。所以，10 个月以下的宝宝可以吃些蘑菇、鱼肉等，10 个月以上的宝宝可以吃些海带等，1 岁以后的宝宝可以吃些鲜奶、豆类等。

头发也需要营养素的“呵护”

营养素	主要作用和来源
铁和铜	能够补血养血，血不亏，才能滋养头发，宝宝的头发才会又黑又亮。含铁多的食物有动物肝脏、蛋类、木耳、海带、大豆、芝麻酱等，含铜多的食物有动物肝脏、虾蟹类、坚果和干豆类等
维生素 A	能维持上皮组织的正常功能和结构的完善，促进宝宝头发的生长。富含维生素 A 的食物有胡萝卜、菠菜、核桃仁、芒果、动物肝脏、鱼、虾等
维生素 B_1 维生素 B_2 维生素 B_6	如果缺乏，会造成宝宝头发发黄发灰。富含的食物有谷类、豆类、干果、动物肝脏、奶类、蛋类和绿叶蔬菜等
酪氨酸	是头发黑色素形成的基础，如果缺乏，会造成宝宝头发黄。富含酪氨酸的食物有鸡肉、瘦牛肉、瘦猪肉、兔肉、鱼及坚果等

宝宝乌发护发食材精选

黑芝麻：富含维生素、蛋白质、铁、铬等，多吃黑芝麻能促进头发生长，让头发乌黑浓密。

海带：富含碘元素，食用它可增加头发的光泽和柔韧性。

核桃：可使头发变得更健康、强韧、黑亮。

给宝宝按摩头皮

妈妈平时可以给宝宝轻轻按摩头皮，能促进头部血液循环，促进头发的健康生长。

麻酱：卵磷脂含量较高，可促进宝宝头发生长。

宝宝营养辅食推荐

适合年龄 1岁以上

香蕉黑芝麻糊 乌发护发

材料：黑芝麻10克，香蕉30克。

调料：白糖2克。

营养师这样做

1 黑芝麻去杂后，洗净、炒熟、研碎；香蕉剥皮，切段。

2 将上述食材倒入豆浆机中，加入适量白开水，搅拌成糊，加入白糖搅匀即可。

对宝宝的好处

香蕉搭配黑芝麻，有润肠通便、补养肝肾、乌发护发的效果，适合宝宝食用。

适合年龄 1岁以上

核桃豆浆 乌发润发

材料：黄豆、核桃仁各10克。

调料：蜂蜜2克。

营养师这样做

1 黄豆用清水浸泡10~12小时，洗净；核桃仁研碎。

2 将核桃仁和浸泡好的黄豆一同倒入全自动豆浆机中，加水至上下水位线之间，按下“豆浆”键，煮至豆浆机提示豆浆做好，凉至温热，淋入蜂蜜调味即可。

养肺抗霾辅食，让宝宝肺好，呼吸畅

雾霾严重的时候，父母不希望宝宝出去玩，可是宝宝非要出去，为此很多父母非常头疼。其实也不必过于担心，可以让宝宝多喝些水、吃些梨等滋阴润肺的食物，这样有利于保护宝宝的肺，让宝宝自由呼吸。

• 多吃白色食物

按照中医五色入五脏的说法，白色食物润肺、清肺效果最佳，妈妈可以用白色食物做些可口的养肺抗霾辅食，来保护宝宝的肺，让宝宝呼吸畅畅的。4个月宝宝可以吃大米、糯米等；5~6个月宝宝可以吃菜花、荸荠等；7~8个月宝宝可以吃圆白菜、梨等；9~10个月宝宝可以吃豆腐等。

此外，葡萄、石榴、柿子和柑橘虽然不是白色的，但也都是不错的养肺水果。肉食中的猪肝有不错的养肺功能，主要是去肺火，对干咳无痰等症状有一定缓解效果。

• 食物生熟吃润肺效果不同

想要给宝宝润肺，不仅要选好食物，还要注意吃法和烹饪手法。下面以莲藕、雪梨和白萝卜为例说明一下。

食材	生吃效果	适合月龄	熟吃效果	适合月龄
莲藕	清热润肺	—	健脾开胃	1.5岁以上（块）
雪梨	清肺热，去实火	8个月以上	清虚火	8个月以上
白萝卜	清肺热，止咳嗽	—	化痰	1岁以上

• 秋季润肺宜多喝水

秋季气候干燥，会让宝宝的身体丢失大量水分，这样就需要及时补足，每天至少要比其他季节多喝500毫升以上的水，以保持肺脏与呼吸道的正常湿润度。还可直接将水“摄”入呼吸道，方法是将热水倒入杯中，让宝宝用鼻子对准杯口吸入，每次10分钟，每天2~3次即可。

宝宝养肺抗霾食材精选

雪梨：性凉，味甘、微酸，入肺、胃经，具有生津、润燥、清热、化痰的作用。

山药：含有皂苷、黏液质，有益肺气、养肺阴，治疗肺虚痰嗽久咳的功效。

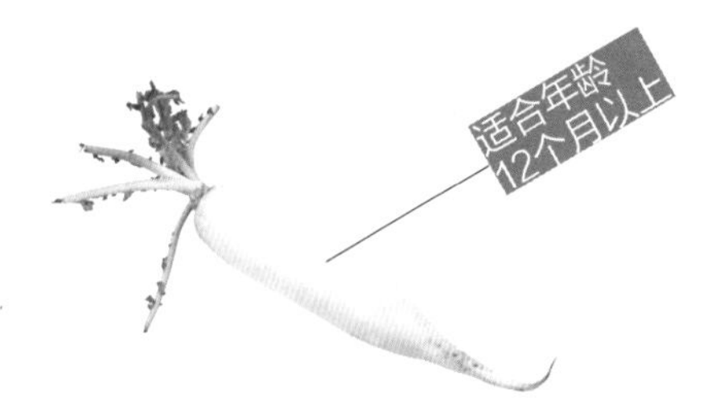

白萝卜：有下气消食、除痰润肺、清除肺内积热的作用。

银耳：性平，味甘、淡，入肺、胃、肾经，能润肺滋阴，养胃生津。

宝宝营养辅食推荐

适合年龄
12个月以上

萝卜山药粥 补肺化痰

材料： 白萝卜 50 克，山药 20 克，大米 30 克，香菜末 4 克。

营养师这样做

1 白萝卜去皮，洗净，切小丁；山药去皮，洗净，切小丁；大米洗净。

2 锅置火上，加适量清水烧开，放入大米，用小火煮至八成熟，加白萝卜丁和山药丁煮熟，撒上香菜末即可。

对宝宝的好处

白萝卜能止咳化痰、清除肺内积热；山药能健脾补肺，两者结合，利于宝宝化痰止咳。

适合年龄
2岁以上

银耳雪梨汤 润肺清燥

材料： 银耳 20 克，雪梨 30 克，胡萝卜 40 克，枸杞子适量，红枣 3 枚。

调料： 陈皮 2 克。

营养师这样做

1 银耳用水泡发，去蒂，撕成小朵；雪梨洗净，去皮和核，切小块；胡萝卜洗净，去皮，切小块；红枣洗净。

2 锅内倒入八分满的水，加入陈皮，待水煮沸后，放入银耳小朵、雪梨块、枸杞子、红枣和胡萝卜块，大火煮 20 分钟，转小火继续炖煮约 1 小时即可。

清热去火辅食，让宝宝不上火

宝宝出现大便干燥、小便发黄、口舌生疮、睡觉不香、食欲不佳等症状，那么基本上可以判断是上火了。由于宝宝的脏腑、肌肤都比较娇嫩，一年四季之中温差变化显著的时候都容易上火，妈妈需要适时地为宝宝安排清凉降火的饮食，并辅以滋补，促进宝宝食欲，帮宝宝对抗火气。

• 保证充足饮水

宝宝上火会消耗体内的水分，所以要给宝宝多喝些白开水，这样可以补充丢失的水分，还能清理肠道，排出废物，唤醒消化系统，恢复身体机能，清洁口腔等。宝宝上火时如果不喜欢淡而无味的白开水，也可给宝宝喝些柠檬水。

• 上火的食物，万万吃不得

要预防宝宝上火，饮食很重要，不要给宝宝吃辛辣刺激性的食物，如辣椒、花椒等；不要吃含胆固醇和碳水化合物较多的食物，如鱼子等；还有过于油腻的食物，如肥肉等，这些食物都容易引起上火，宝宝万万吃不得。

此外，巧克力、炸鸡、炸薯条、汉堡等也要少吃。

• 常吃新鲜水果和蔬菜

新鲜的水果和蔬菜除了含有大量水分外，还富含维生素、矿物质和膳食纤维，这些营养素可以起到清热解毒的作用。比如4个月宝宝可以喝些西瓜汁；6个月宝宝可以吃香蕉，具有润肠的效果。此外，7~8个月宝宝可以吃梨等，都是常见的清润降火的美味蔬果。

宝宝清热去火食材精选

冬瓜：性凉，味甘，入肺、大肠、小肠、膀胱经，可利湿泻火，并且含有较多水分，能帮助宝宝身体清热消肿。

梨：性凉、含水量高，能缓解咽干、咽痒、咽部肿痛等胃火症状，还可以清六腑之热，熟食滋五脏之阴。

绿豆：性寒、味苦，能解暑热、去劳乏、清心明目。

苦瓜：性寒、味苦，具有清热去心火、利尿凉血的功效。

宝宝营养辅食推荐

适合年龄
1岁以上

苦瓜蜂蜜汁 清热降火

材料：苦瓜50克，柠檬10克。

调料：蜂蜜适量。

营养师这样做

1 苦瓜去子，切小块；柠檬洗净，去皮和子，切小片。

2 将苦瓜块、柠檬片倒入全自动豆浆机中，加入适量凉饮用水，按下“果蔬汁”键，搅打均匀，加蜂蜜调味即可。

适合年龄
1岁以上

消暑绿豆沙 清心降火

材料：绿豆60克。

调料：白糖2克。

营养师这样做

1 将绿豆洗净，用水泡软，然后倒入锅内煮烂。

2 将煮烂的绿豆用果汁机打碎，倒入锅内煮到绿豆呈糜状，再加入白糖调味即可。

如何增强宝宝体质

宝宝饮食

宝宝的饮食选择

宝宝添加辅食后，要多选择新鲜的绿色蔬菜、水果、豆制品以及粗粮等，它们是宝宝获取维生素的绝佳来源，对增强宝宝免疫力至关重要。此类食物色香味也能够刺激宝宝的食欲，但需要做些“手脚”——要讲究一下食物大小、色泽和味道哦！

水，不能缺少

正常宝宝对水的每日需要量大约为75~100毫升/千克体重，但考虑到宝宝的体表面积与体重比例较高，蒸散所流失的水分较多，而且宝宝易发生脱水，因此，宝宝每日水的摄入量以150毫升/千克体重为宜。

预防接种

接种疫苗对于宝宝抵御传染病，是很有效的积极措施，因此要根据“预防接种证”及时接种疫苗。宝宝接种疫苗前，妈妈们要给宝宝洗个澡，换身干净的衣服；到医院后，向医生说清宝宝具体的健康状况，以便医生判断有无接种的禁忌证等，这些也是很重要的细节。同时问清医生接种后的注意事项以及下次接种的具体时间等。

日常生活习惯

适量运动，增加宝宝免疫力

宝宝不能独立行走的时候，爸爸妈妈们可以抱着宝宝多晒晒太阳，或者让宝宝坐在婴儿车中，慢速地推着车在环境好的场地走动；较大一点的宝宝能独立行走时，可适当让宝宝加大活动的范围，活动的时间适当延长，这对改善宝宝体质也有很好的效果。

生活细节要健康

宝宝的衣服选择要适宜，衣服以不出汗、手脚温热为度。另外，每天开窗通风2次，每次20分钟，室内温度保持在20℃左右、湿度为50%~60%对宝宝很适宜，可减少宝宝呼吸道感染的机会。

充足的睡眠很重要

宝宝睡眠很多，良好的睡眠不仅有利于促进宝宝对营养的吸收，以及身体的生长发育，还可以改善宝宝体质，提高免疫力。

4~6个月的宝宝所需睡眠时间为15个小时左右；6个月~1岁的宝宝为14个小时左右；1~3岁的宝宝根据宝宝个体情况决定。

如果宝宝该睡觉了，但没有睡意，很闹，妈妈可以将宝宝抱起，将光线调暗，关掉周围有影响的声音。宝宝睡前，让宝宝趴在自己的胸口上，听着自己的心跳入睡，这往往非常有效。

Part

7

宝宝不舒服了，怎样吃辅食

感冒

感冒是宝宝最常见的一种疾病，常伴有发热、咳嗽、流涕或鼻塞等症状，有时会伴有呕吐或腹泻等症状。感冒分为风寒感冒、风热感冒和暑湿感冒 3 种。

• 3 种感冒原因、症状表现和饮食指导

感冒类型	致病原因	症状表现	饮食指导
风寒感冒	外感风寒所致	起病较急；怕冷怕风，甚至寒战，无汗；鼻塞，流清涕；咳嗽，痰稀色白；头痛，周身酸痛，食欲减退；大小便正常，舌苔薄白	多吃富含维生素 A 和维生素 B_{12} 的动物肝脏，因为这些维生素能增强宝宝身体的抵抗力，促进风寒感冒痊愈
风热感冒	外感风热所致	发烧重；怕冷怕风不明显；鼻子堵塞，流浊涕；咳嗽声重，或有黄痰黏稠，咽喉红、干、痛痒；大便干，小便黄，舌苔薄黄或黄厚，舌质红	多食富含锌的食物，因为锌能抑制病毒繁殖，增强身体免疫细胞功能。此外，还要及时补充水分
暑湿感冒	夏季潮湿炎热，贪凉（如空调屋温度低）或过食生冷，外感表邪而致	高热无汗；头痛困倦；胸闷恶心；厌食不渴；呕吐或大便溏泄；鼻塞，流涕，咳嗽；舌质红，舌苔白腻或黄腻	多吃些清热去火的食物，如绿豆汤、冬瓜汤、西瓜汁等

• 吃些富含维生素 C 的蔬果（1 岁以内宝宝）

1 岁以内宝宝由于免疫系统尚未发育成熟，很容易感冒。而感冒后，宝宝可能不喜欢奶类的香味，这时可以根据宝宝的月龄选择相应的食材给宝宝做色香味俱佳的辅食。如 6 个月宝宝可吃些菠菜、胡萝卜、苹果等，如菠菜汁、胡萝卜泥、苹果汁等；7～9 个月宝宝可以吃些洋葱、冬瓜等，如洋葱粥、冬瓜汤等；10～12 个月宝宝可以吃些绿豆芽等，如炒豆芽等，既能满足宝宝成长需要，还能补充宝宝因为感冒伴随发热流失的水分，防止宝宝出现虚脱的情况。

• 要补充足够的水分（1 岁以后宝宝）

1 岁以后宝宝的感冒 80%~90% 是由病毒引起。宝宝感冒后会随着发热，导致体内水分大量流失，且体力消耗也会非常大。而宝宝感冒后没有食欲，不喜欢喝白开水，这时妈妈可以给宝宝准备一些果汁、甜汤等，如雪梨汁、百合甜汤等。

• 增加优质蛋白质食物的摄入（1 岁以后宝宝）

患了感冒，宝宝为了和病毒、细菌做斗争，代谢量会增加，对热量的需求量也会增加，且体内会合成大量的可以抵抗感冒的免疫球蛋白，这就需要多摄入富含蛋白质的食物，如豆腐、鲜鱼、鸡胸肉、牛肉、鸡蛋等，可以给宝宝吃蛋黄豆腐、牛肉小米粥等。

• 感冒时宜吃的食物

胡萝卜：富含胡萝卜素，其对预防、治疗感冒有独特作用。

洋葱：有杀菌功效，其对春季流行感冒、风寒引起的感冒都有很好的治疗作用。

香菇：含有丰富的硒、核黄素、烟酸和大量的抗氧化物，是增强身体免疫力、对抗感冒的有力武器。

樱桃：富含胡萝卜素、维生素 C，其能提高宝宝的免疫力，对抗感冒病毒。

什么情况下需要就医

一般来说，宝宝发热39℃或以上并超过1天以上经物理降温无效，或有咳嗽症状持续3天以上，或伴有皮疹、喘息、声音嘶哑、面色苍白或有紫青色、明显的呕吐、腹泻、精神萎靡、食欲差等情况必须及时就诊。上述病情如果拖延下去，很有可能诱发肺炎、脑炎、心肌炎、肾炎等后果，其中除了肺炎预后较好外，其他炎症治疗起来都比较麻烦。因此，家长应及时带宝宝就医治疗。

此外，宝宝的精神状态是否良好，也是区别是否需要去医院就医的一个要素。

宝宝对症辅食推荐

洋葱粥 强壮骨骼

材料：洋葱 30 克，大米 50 克。

营养师这样做

1 将洋葱洗净，去掉老皮，切碎；大米洗净。

2 将洋葱碎、大米一起放入锅中煮成稀粥即可。

对宝宝的好处

洋葱含有蛋白质、多种维生素和矿物质，营养非常丰富，具有增强宝宝身体免疫力的作用。

适合年龄
1岁以上

樱桃酸奶 增强抗病能力

材料：樱桃 30 克，酸奶 50 克。

调料：白糖 2 克。

营养师这样做

1 樱桃洗净，去梗，切成两半，去子。

2 将樱桃、酸奶一起放入果汁机中，搅打均匀，倒入杯中，加入白糖调匀即可。

对宝宝的好处

樱桃含有多种营养，其中以维生素 C 和铁的含量较突出，宝宝适量食用，可提高抗病能力。

适合年龄
1岁以上

白菜绿豆饮 清热解毒

材料：白菜帮、绿豆各 20 克。

营养师这样做

1 绿豆洗净，放入锅中加水，用中火煮至半熟；将白菜帮洗净，切成片。

2 白菜帮加入绿豆汤中，同煮至绿豆开花、菜帮烂熟即可。

对宝宝的好处

本款饮品可以起到清热解毒的功效，适合外感风热的宝宝饮用，每日 2~3 次。

发热

发热是宝宝的常见症状之一，许多疾病都会引起发热。发热的宝宝抵抗力下降。如果发热持续时间过长或体温过高，会使体内蛋白质、脂肪、维生素大量消耗，出现机体代谢紊乱。

宝宝发热的原因

发热是由下丘脑的体温调节中枢上调导致的。下丘脑的体温调节中枢会通过机体产热或散热来调控体温在37℃左右。当病菌侵入宝宝身体后，为了对抗病菌的侵袭，下丘脑的体温调节中枢会通过上调体温的水平来维持身体的健康，就会导致发热。这种情况的发热是对身体的保护。

但如果由于感冒、肺炎、水痘、幼儿急疹等引起发热，就要看医生，找到发热原因，及时降温，避免高热惊厥。

发热的利与弊

所有的家长都担心自己宝宝发热，导致退烧药是家中常备药。当宝宝一有发热就用退烧药，恨不得马上降温。那么发热有哪些利与弊呢？

利
身体健康的保护伞

发热是一些疾病初期的一种防御反应，能产生对抗细菌的抗体，抵抗一些致病微生物对身体的伤害，保持身体健康。

弊
毁坏身体健康的蛀虫

发热，尤其是高热，会促使大脑皮层处于过度兴奋或高度抑制的状态，如烦躁不安、昏睡等；还能导致宝宝食欲缺乏、便秘等；加重身体内器官的“工作量”；还能导致人体防御疾病能力下降。

何时给宝宝服用退烧药

《中国0至5岁儿童病因不明的急性发热诊断处理指南》中建议，体温≥38.5℃和（或）出现明显不适时，采用退烧药治疗。

一般来说，当宝宝发热伴有明显不适，不管温度是否高于 38.5℃，都应服用退烧药物，因为它能缓解宝宝不适。对于 6 个月以下的宝宝发热，使用退烧药降温前一定要咨询医生，避免因药量或禁忌等给宝宝造成伤害。对于 6 个月以上的宝宝发热，如果吃喝拉撒都正常，即使体温高于 38.5℃，也不必马上服用退烧药，可先给宝宝温水擦浴，继续观察。如果宝宝出现不适就要服用退烧药。

发热症状不同，饮食不同

对于 1 岁以内的宝宝，当发热时无其他症状，可适当进食一些补充电解质的食物，如柑橘、香蕉等水果以及米汤或面食等。当发热严重暂时禁食，以减轻肠胃道负担，同时请医生诊治。

对于 1 岁以上的宝宝，当发热时无其他症状，以流质、半流质饮食为主，如牛奶、米汤、绿豆汤、少油的荤汤及各种鲜果汁。当发热伴有腹泻、呕吐，但症状较轻，可少量多次服用自制的口服糖盐水（配置比例：500 毫升水或米汤，加 1 平匙糖及半啤酒瓶盖盐）。

发热时宜吃的食物

西瓜：富含维生素C和大量水分，补充宝宝因发热流失的水分，避免脱水。

胡萝卜：富含胡萝卜素，能够增强机体对抗病毒的能力。

绿豆：性味凉甘，有清热解毒、祛暑的功效，可减轻发热、浑身出汗等症状。

橙子：富含维生素，可提高人体免疫力，有效缓解发热症状。

输液对抗普通发热疗效不是最快的

第一，身体与病菌作战是一个过程，不会因为输液而改变。但输液将葡萄糖注射液、生理盐水直接注入血液，会让发热宝宝有营养供给，加上大量排尿，从表面上看感觉好得快。其实病毒并没有得到抑制，适量喝水也能达到这个目的。

第二，输液时不能保证完全纯净，甚至会破坏宝宝的血管，所以对宝宝也是有伤害的。

第三，输液会让宝宝产生一种心理的抵触，经常在哭闹中进行，既消耗体力，还会给宝宝造成一定的心灵伤害。

宝宝对症辅食推荐

荸荠绿豆粥 清热润肺

材料：荸荠 30 克，绿豆 40 克，大米 20 克。

调料：冰糖、柠檬汁各少许。

营养师这样做

1 荸荠洗净，去皮切碎；绿豆洗净，浸泡 4 小时后蒸熟；大米洗净。

2 锅置火上，倒入荸荠碎、冰糖、柠檬汁和清水，煮成汤水。

3 另取锅置火上，倒入适量清水烧开，加大米煮熟，加入蒸熟的绿豆稍煮，倒入荸荠汤水搅匀即可。

适合年龄
1.5岁以上

猕猴桃橙汁

增强宝宝的抗病能力

材料：猕猴桃、橙子各半个。

营养师这样做

1 橙子去皮、去核，切块；猕猴桃去皮，切块。

2 橙子块、猕猴桃块和适量饮用水搅打，去渣取汁即可。

对宝宝的好处

猕猴桃宜选绿色果肉的，不但酸甜适口，而且营养素含量高，能调节宝宝免疫。

适合年龄
1岁以上

绿豆山药饮 清热、健脾

材料：绿豆 50 克，山药 20 克。

调料：冰糖适量。

营养师这样做

1 绿豆洗净；山药去皮，洗净切丁。

2 锅内倒水，放入绿豆大火煮开，用中火煮 15 分钟直至绿豆开花。

3 山药加水煮沸，熟后捞出，用搅拌机打成糊，倒入绿豆粥中，加冰糖调味即可。

对宝宝的好处

绿豆有很好的清热解毒作用，山药能调理肠胃，适合宝宝食用。

咳嗽

咳嗽是宝宝最常见的一种呼吸道疾病，如果处理不好，还可能引起肺炎、支气管炎、哮喘等。治疗宝宝的咳嗽，最重要的是找到引起咳嗽的原因，然后对症治疗。

咳嗽不同，饮食策略不同

类型	饮食策略
风寒咳嗽	吃一些温热、化痰止咳的食物
上火内热咳嗽	吃一些清肺、化痰止咳的食物，如冰糖煮梨水、白萝卜汤
身体虚弱咳嗽	吃一些调理脾胃、补肺气的食物

宝宝受寒咳嗽第一阶段，应远离百合和川贝

宝宝主要表现为流清鼻涕，此时不适合吃百合和川贝。因为百合会将邪气闭合在身体里；而川贝性微寒，味苦、甘，具有清热润肺、止咳化痰、润肺的功效，一般用来缓解燥咳，所以百合和川贝并不适合宝宝受寒咳嗽的第一阶段使用。

宝宝受寒咳嗽第二阶段，应吃些清热的药物

宝宝主要表现流黄鼻涕，且黏稠，痰开始变黄，此时可以给宝宝吃些清热的药物，如连翘、蒲公英、鱼腥草等，能清除体表的热气，其次加一些化痰的药物，如川贝、枇杷叶等，可以清除引起咳嗽的外邪。

宝宝咳嗽的第三个阶段，要及时就医

宝宝会高烧，咳嗽出来的痰是黄色的，有时甚至是黄绿色的，鼻涕也是黄色。此外，咳嗽声音明显变深，感觉从胸腔中发出来的，且像多个气泡破裂般的“呲呲”声，说明宝宝可能发生了肺内感染了。这时家长要及时带宝宝就医治疗。

宝宝咳嗽快好时，可用“止咳散”泡脚防反复

宝宝说话时鼻子声音有点重，有点鼻塞，还会伴有几声咳嗽，可以用宣肺散邪的药物，帮助身体继续排出外邪。中医中有一个名方：止咳散，主要包括荆芥、陈皮、桔梗、白前、百部、紫菀、甘草，可用这些中药熬水，给宝宝泡脚，具体的药量要咨询医生。

有寒咳，喝苏叶橘红饮和吃烤橘子

苏叶橘红饮

材料 苏叶、橘红各3克。

做法 橙子皮洗净，切成条，和苏叶一起放入杯中，用开水泡10分钟，当茶饮即可。

烤橘子

材料 橘子1个。

做法 用一个筷子插上一个橘子，放在中火上烤，等橘子全部变黑，放温剥开，就可以吃里面的橘子了，具体吃多少，根据宝宝的年龄和胃口决定。

有热咳，川贝炖梨最好

感冒快好时症状表现：

1 往往是干咳，没有什么痰了，或者有少量的痰，但比较黏稠。

2 舌苔较红，尿偏黄，大便较干，手脚容易发热等。

出现上述症状，就可以给宝宝吃川贝炖梨了。因为川贝具有润肺止咳、化痰平喘、清热化痰的作用，加入梨，润燥效果更佳。

川贝炖梨

材料 川贝粉3克，雪梨1个。

做法 把雪梨上端切开，挖去梨核，把川贝粉和适量水放入，放在碗中，隔水蒸30分钟，放温，喝汤吃梨。

受凉燥后咳嗽，可喝些姜汤、苏叶水

到了秋天，我们会感觉到皮肤凉凉的，就是凉燥，而天气骤降，导致宝宝体内的津液开始回收，就会导致一些寒邪进入肺部，表现就是鼻腔干干的，没有鼻涕，也没有痰，是干咳。这时，错误的做法就是用秋梨膏、石斛等润燥的药物滋润身体。正确的方法是帮助宝宝温暖身体，让津液重新回到体表。可以给宝宝喝些姜汤、苏叶汤等，让寒邪散出身体，这样凉燥就消失了。

受温燥后咳嗽，可以吃点蜜汁糯米藕

感受温燥后症状表现：

1 宝宝口干口渴，想喝凉水，舌苔变红。

2 心情烦躁，鼻腔干燥，甚至有血丝，大便较干。

3 咳嗽时无痰，若有痰也是少量黏稠的黄痰。

4 脉搏较快，伴有低烧。

如果宝宝出现上述症状，可以确定为温燥，1 岁以上的宝宝可以吃些蜜汁糯米藕。藕是白色食物，入肺，有很好的滋阴润肺、止咳的作用。蜂蜜对缓解咳嗽也有一定作用，二者搭配食用，对辅助治疗燥热咳嗽有一定功效。也可以买秋梨膏给宝宝冲水喝，也有滋润效果。

多喝水促进痰液咳出（1 岁以内宝宝）

不到 1 岁的宝宝呼吸系统还不成熟，抵抗力弱，容易发生咳嗽。多喝水对于宝宝黏稠的痰有很好的稀释作用，有助于宝宝将痰液咳出。另外，多喝水还有助于宝宝体内毒素的排出，同时增强宝宝的抗病能力，促进宝宝早日恢复健康。一些流质饮食含水量丰富，也是缓解宝宝咳嗽不错的选择，如蔬菜汤、米汤、果汁等。

多食富含维生素和蛋白质的食物（1 岁以后宝宝）

宝宝咳嗽对妈妈来说是一件很烦恼的事情，因为有咳嗽的宝宝往往很缠人，且不是三天两天就可以转好的。为此，宝宝咳嗽时，妈妈可以给宝宝一些饮食方面的调节，帮助宝宝尽早康复，富含维生素和蛋白质的辅食是优选。新鲜的青菜、大白菜、白萝卜、胡萝卜、番茄等蔬菜，可以给咳嗽的宝宝提供多种维生素和矿物质，有利于宝宝代谢功能的恢复，缓解咳嗽症状。

咳嗽时宜吃的食物

梨：所含的配糖体及鞣酸等成分，能祛痰止咳，对咽喉有良好的养护作用。

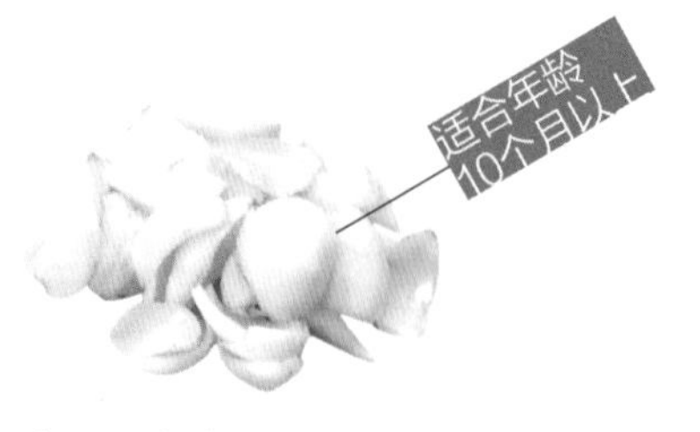

百合：具有清肺止咳的功效，因为其鲜品中含黏液质，有镇静止咳作用。

大蒜：性温，味辛，能宣通肺气、平喘止咳，对风寒咳嗽有辅助治疗效果。

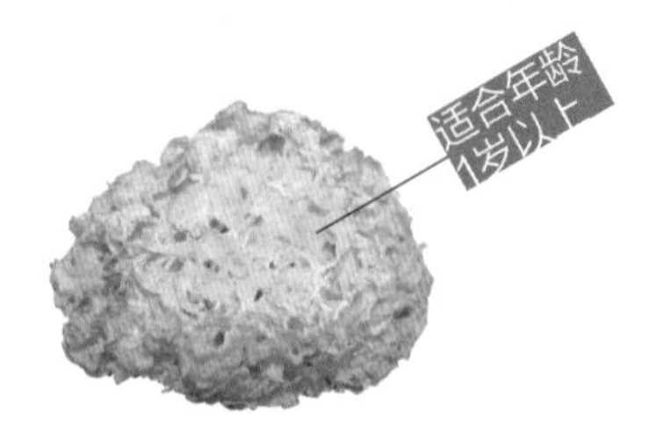

银耳：性平，味甘，具有润肺化痰的功效，对肺热咳嗽有一定的辅助治疗效果。

• 宝宝对症辅食推荐

银耳红枣雪梨粥 止咳化痰

材料：雪梨80克，大米50克，红枣20克，干银耳10克。

调料：冰糖5克。

营养师这样做

1 将干银耳放入温水中泡发，洗净去蒂后，入沸水中焯烫一下，捞出，撕成小朵。
2 雪梨洗净，连皮切块；大米洗净；红枣洗净。
3 锅中倒入适量清水烧开，加大米、银耳小朵、红枣煮沸，转小火煮25分钟，再加入梨块煮5分钟，加冰糖煮至化开即可。

适合年龄
1岁以上

大蒜蒸水 调理风寒咳嗽

材料：大蒜5瓣。

调料：冰糖适量。

营养师这样做

1 大蒜剥皮，剁碎，放入蒸盅内，加入适量水和冰糖。
2 盖上盖子，放入蒸锅中蒸，大火烧开后，转小火蒸15分钟，取出，放温，喝水即可。

对宝宝的好处

大蒜味辛，能宣通肺气，对风寒咳嗽有调理作用。

适合年龄
1岁以上

百合蜜 调理秋燥咳嗽

材料：百合20克，蜂蜜8克。

营养师这样做

1 将百合洗净晾干，调入蜂蜜拌匀。
2 将调好的百合蜂蜜放入瓷碗中，入沸水锅中隔水蒸熟即可。

对宝宝的好处

百合和蜂蜜的润肺止咳功效更好，特别是对入秋后咳嗽伴有便秘的宝宝更为适宜。

便秘

便秘是经常困扰宝宝的疾病之一。宝宝大便干硬，排便时费力，哭闹，次数明显减少。有些宝宝两三天甚至六七天才排便一次。出现便秘现象可能是由于水分或蔬菜类摄取不足，有时则是由于吃得太少而引起的。但是不要因为宝宝排便不畅就过分紧张，通常只要改善一下饮食，便秘就可以得到缓解。

两种适合便秘的饮食

便秘类型	原因或症状	饮食策略
常规性便秘	因肠道蠕动能力下降引起	从蔬菜和谷类中摄取大量的不溶性膳食纤维
痉挛性便秘	大便一块一块断裂	从水果、海藻中摄取丰富的水溶性膳食纤维

喂些蔬果汁、蔬果泥（1 岁以内宝宝）

上火、肠道功能失常、吃不饱等因素都会引起 1 岁以内宝宝发生便秘。这时，妈妈应给宝宝适当增加配方奶或喂些果蔬汁。虽然宝宝开始添加辅食，但仍以母乳或配方奶为主。对于母乳喂养的宝宝，如果妈妈乳汁不足，宝宝总是处于半饥饿状态，很容易出现便秘，这时可适当补充一些配方奶，能有效缓解便秘症状。对于配方奶喂养的宝宝，也容易出现便秘，可以给宝宝喂一些菜汁或果汁，6 个月以上的宝宝可以补充些菜泥或水果泥，如苹果泥等。

多喝水（1 岁以后宝宝）

1 岁以后宝宝活动量较大，加上对饮食有了自己的喜好，很容易出现便秘，这时可以让宝宝多喝水，因为喝水可以促进肠胃蠕动，加速排便。宝宝除了喝些白开水之外，还可以喝些苹果汁、番茄汁、蜂蜜水等，也能促进肠胃蠕动。

多吃富含膳食纤维的辅食（1 岁以后宝宝）

1 岁多的宝宝有了自己的主观意识，对一些食物爱吃，对另外一些食物不喜欢吃，逐渐出现了挑食现象。如有些宝宝喜欢吃肉，不喜欢吃蔬菜，结果导致蛋白质吃得太多（如瘦猪肉、鸡蛋等），水果、蔬菜、菌类、粗粮吃得少，从而导致无力性便秘。这时就要多食用一些富含膳食纤维的辅食，如芹菜猪肉包等，促进肠胃蠕动，保证排便顺畅。

便秘时宜吃的食物

苹果：苹果生吃有很好的促进消化和排泄的作用，对宝宝便秘很有效。

红薯：膳食纤维含量非常丰富，能刺激肠道，增强其蠕动。

黑芝麻：含脂肪酸、维生素E，对宝宝消化不良、便秘有很好的调节作用。

什么情况下必须就医

如果宝宝2～3天不解大便，伴有腹胀、腹痛、呕吐等情况，就不能认为是一般便秘，应及时送医院检查治疗。

适合年龄
1.5岁以上

芹菜：含有丰富的膳食纤维，可以有效缓解宝宝便秘症状。

宝宝营养辅食推荐

适合年龄
10个月以上

芋头红薯粥 促进排便

材料：芋头、红薯、大米各 30 克。

营养师这样做

1 芋头、红薯去皮，洗净，切丁；大米洗净。
2 锅内加适量清水，放入芋头丁、红薯丁和大米，中火煮沸后，用小火熬至粥稠即可。

对宝宝的好处

芋头具有益脾胃的功效，红薯则能促进消化液分泌以及胃肠蠕动，有促进排便的作用。

适合年龄
1岁以上

小白菜猪肉包 促进消化

材料：面粉 50 克，小白菜 30 克，猪肉 20 克，发酵粉适量。

调料：盐 1 克，香油 1 克。

营养师这样做

1 小白菜洗净，切末；猪肉馅加少许水、盐、香油拌匀，与小白菜末搅拌成馅。
2 将面粉、发酵粉、适量水和成面团，稍醒，搓条，揪成剂子，擀皮，包馅，蒸熟即可。

腹泻

腹泻是宝宝常见的一种疾病。当宝宝频繁出现水样或较稀的大便，且大便颜色为浅棕色或绿色，即可判断宝宝出现了腹泻。

生理性腹泻和感染性腹泻症状表现及原因

腹泻类型	原因	症状表现
生理性腹泻	太早开始添加辅食，或一次吃得太多	1. 大便不成形，一天七八次，有时还会发绿，有奶瓣 2. 宝宝精神好，吃奶正常，不发热，无腹胀、无腹痛 3. 肠道没有感染，也没有脂肪泻、消化不良等 4. 体重增长正常
感染性腹泻	由小肠感染引起，病毒可通过食物和水来传播	1. 每日排便5次以上乃至数十次不等。粪便多为黄绿色，略带粪渣，近似蛋花汤样。少数宝宝粪便会出现黏液，个别有脓性物 2. 恶心、呕吐，部分宝宝有不定位的腹痛

腹泻阶段不同，饮食也不同

当宝宝腹泻症状减轻且也爱吃食物时，可以喂些容易消化的温和流食，如大米粥等。

当宝宝腹泻症状减退时，可以用栗子、香蕉或苹果等食物做流食。

当宝宝腹泻症状停止时，可以喂些含膳食纤维少的菜或鱼肉等。

吃些流质辅食（1岁以内宝宝）

1岁以下的宝宝消化器官尚未发育成熟，消化能力较为虚弱，稍有不慎，如宝宝对辅食添加不适应，或一次吃得太多，或吃了不容易消化的食物，都可能引发腹泻。但宝宝的肠道仍然可以消化流质食物，所以妈妈可以喂食一些水、米汤、果汁等，但要保证宝宝摄入食物的总能量不低于宝宝日需求量的70%。

少吃富含膳食纤维的食物（1岁以后宝宝）

1岁以后的宝宝很容易发生腹泻，以夏秋季最多。此时，要少给宝宝吃富含膳食纤维的食物，如芹菜、海带等。因为膳食纤维不易被消化，多吃会加重宝宝腹泻。

腹泻时宜吃的食物

藕粉：宝宝易吸收，能补充身体流失的营养，防止宝宝体液流失过多。

苹果：熟苹果含有大量有机酸如鞣酸、凝酸等成分，具有很好的收敛作用。

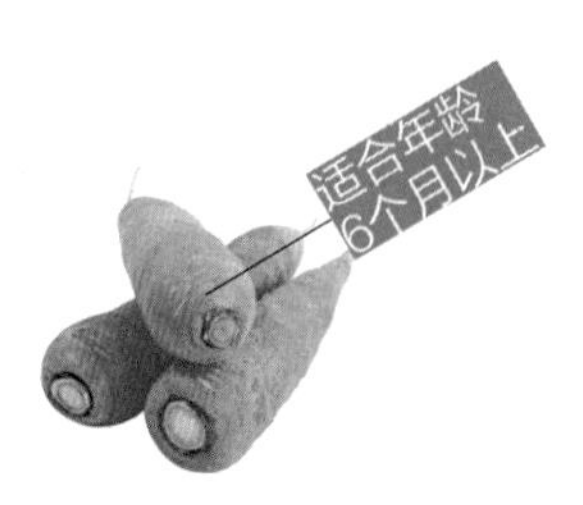

胡萝卜：是碱性食物，含有丰富的果胶，能帮助大便成形，吸附肠黏膜上的细菌和毒素，适合腹泻宝宝食用。

山药：性平，味甘，具有收敛作用，可以有效缓解宝宝腹泻症状。

什么情况下必须就医

1.大便带血或带有黏液；体温超过37.5℃，宝宝看上去状态很不好。

2.超过6小时未排尿，啼哭无泪。无法进食，持续呕吐。

3. 持续超过半小时的严重腹部绞痛，在腹泻后仍未减轻。

4. 在12小时内，年龄小于1岁的宝宝出现8次及8次以上的腹泻。

5. 腹泻或呕吐加重，在24小时内次数超过12次。

宝宝营养辅食推荐

适合年龄
1岁以上

山药粥 缓解腹泻

材料：怀山药 50 克，大米 30 克。

调料：白糖 3 克。

营养师这样做

1 将怀山药去皮，洗净，切片。

2 将大米洗净，放入小锅中，加适量水，以中火煮 30 分钟，放怀山药片，续煮 5 分钟，放入白糖搅匀即可。

适合年龄
11个月以上

炒米煮粥 止泻、促进消化

材料：大米 30 克。

营养师这样做

1 把大米放到铁锅里，用小火炒至米粒稍微焦黄。

2 然后用这种焦黄的米煮粥，粥烂即可。

对宝宝的好处

此粥有止泻的作用，还可促进消化，小婴儿喝煮粥时的米汤就可以了。

厌食

宝宝厌食又称消化功能紊乱，指长期食欲减退，甚至讨厌进食的一种疾病。主要表现为对吃饭没有兴趣，挑食，导致营养摄入不足而影响宝宝的身体发育。

宝宝厌食的原因

厌食原因	具体原因
宝宝吃零食过多	有些宝宝每天在饭前吃大量的高热量零食，血液中的血糖含量过高，没有饥饿感，所以到了吃正餐的时候根本就没有食欲，过后又以点心充饥，造成恶性循环，于是就形成了厌食
缺乏某些营养素	宝宝体内缺锌、缺钙、缺铁、缺 B 族维生素等营养素
药物影响	许多药物，尤其是抗生素容易引起恶心呕吐，如红霉素、磺胺类药物等可导致厌食
家长强迫进食	很多家长为了让宝宝多吃一点，强迫宝宝进食，从而影响宝宝的情绪，形成条件反射性拒食，而后发展为厌食
活动量不足	宝宝的户外活动少，与其他小伙伴的交往少，使宝宝的消耗减少，就不容易产生饥饿感

宝宝饮食应定时定量

妈妈要帮助宝宝养成吃饭定时定量、不吃零食、不偏食的饮食习惯，多给宝宝安排蔬菜食品，注意营养平衡，为宝宝营造舒适的就餐环境。

吃些山楂、白萝卜等消食健脾的食物

妈妈可以给宝宝吃些消食健脾的食物，如山楂、白萝卜等，能加强脾胃运化功能，起到缓解宝宝厌食的作用。

及时补锌

对于由于缺锌导致的厌食，妈妈可以给宝宝吃些含锌丰富的食物，如牡蛎、猪肝、花生、核桃等。但如果宝宝缺锌严重的话，就应根据医生的建议选择药物补锌。

厌食时宜吃的食物

麦芽：含有淀粉酶、转化糖酶、B族维生素、脂肪、磷脂、麦芽糖、葡萄糖等成分，有帮助消化的作用。

陈皮：所含的挥发油有利于胃肠积气排出，能促进胃液分泌，有助于消化。

白萝卜：含糖化酵素，可以快速分解食物里面的淀粉、脂肪，消食消滞。

什么情况下必须就医

对于因体质弱或其他慢性病引起的厌食，需要请教医生进行综合调理，必要时可以服用一些中药来帮助宝宝调理脾胃。

山楂：含山楂酸等多种有机酸，能健胃、消积，是宝宝消油腻肉食积滞的佳果。

宝宝营养辅食推荐

适合年龄
7个月以上

苹果汁 开胃

材料：苹果1个，菠萝50克。

营养师这样做

1 菠萝去皮，切丁，放入淡盐水中浸泡5分钟；苹果去皮，切丁。
2 将菠萝丁、苹果丁放入榨汁机中，加入适量凉白开榨汁即可。

适合年龄
11个月以上

茄葱胡萝卜汤 补虚、开胃

材料：番茄、洋葱各30克，胡萝卜50克。

营养师这样做

1 番茄洗净，沸水焯烫一下，去皮，切碎末；洋葱洗净，去皮，切碎末；胡萝卜洗净，去皮，切碎。
2 锅内加水烧热，加入洋葱碎、胡萝卜碎、番茄碎，中火煮8分钟即可。

肥胖

宝宝肥胖是指体重超过标准体重20%的情况。肥胖会影响宝宝身体和智力发育，应该及时控制体重。与成人相比，宝宝能更成功地运用健康饮食，辅助适量运动，从而把体重长期保持在健康范围之内。

宝宝肥胖的原因

肥胖原因	具体情况
营养过剩	宝宝没有养成良好的饮食习惯，大量进食高脂、高糖的食物，如巧克力等，都会导致宝宝肥胖
遗传因素	父母双方都是肥胖者，子女会有70%~80%的遗传，若单方面肥胖，子女35%~45%会遗传，这种情况的肥胖与饮食没有直接关系

多吃富含膳食纤维的食物

膳食纤维能帮助宝宝消化，减少废物在体内的堆积，缓解肥胖。6个月宝宝可以吃些香蕉粥；7~8个月宝宝可以喝些圆白菜汁；9~10个月宝宝可以吃些糙米糊；11~12个月宝宝可以吃些香菇粥。

减少碳水化合物的摄入

对肥胖宝宝，应减少容易消化吸收的碳水化合物（如蔗糖）的摄入，如面条等，少吃糖果、糕点、饼干等甜食，还要尽量少食面包和炸土豆，少吃脂肪性食品，特别是肥肉。不过可以给宝宝安排几餐量少且不含糖和淀粉的零食，这样的食物可以减轻宝宝的体重。

多吃饱腹感强的食物

富含膳食纤维的粗粮和蔬菜，如豆类及其制品、燕麦、荞麦、高粱米、芹菜、苹果等，可以增加饱腹感，让宝宝减少进食量，并且不容易饥饿，还能促进胃肠蠕动、帮助排便。

什么情况下必须就医

如果宝宝体重超过标准体重30%的话，就需要就医治疗，否则会影响宝宝的健康发育。

肥胖时宜吃的食物

玉米：含有大量的膳食纤维，能刺激肠道蠕动，加速宝宝身体内粪便的排泄，从而起到减肥的作用。

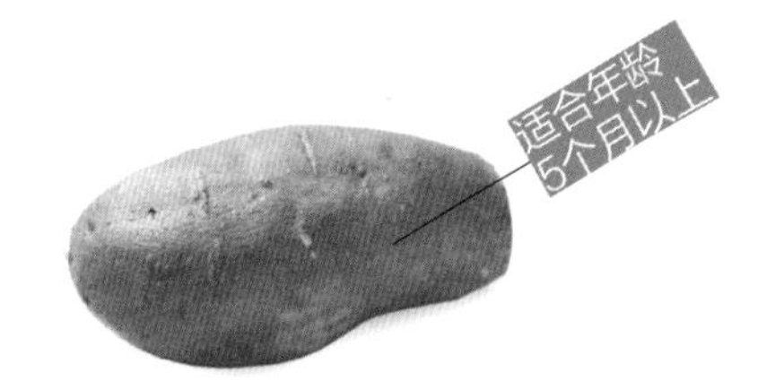

红薯：富含膳食纤维，而且其所含的葡糖苷成分有着和膳食纤维同样的功效，能给肠的活动以强力的刺激，引起蠕动，促进排便，帮助肠道排毒。

冬瓜：所含的丙醇二酸能有效抑制糖类转化为脂肪，而且冬瓜本身所含的脂肪量可以忽略不计，热量很低，是瘦身佳品。

香蕉：含有果胶，有较好的通便效果，能防治便秘，帮助彻底清理体内的宿便。

宝宝营养辅食推荐

适合年龄
7个月以上

冬瓜粥 消脂、利尿

材料：新鲜冬瓜 80 克，大米 30 克。

营养师这样做

1 新鲜冬瓜用刀刮去皮，洗净，切小块。大米洗净。

2 将大米、冬瓜块放入锅中煮熟即可。

对宝宝的好处

冬瓜富含膳食纤维，能刺激肠胃蠕动，长期食用有降脂的作用，有利于宝宝减肥。

适合年龄
9个月以上

绿豆玉米糊 降脂减肥

材料：绿豆粉、玉米粉各 25 克。

营养师这样做

1 将绿豆粉、玉米粉加适量水调匀。

2 锅内放入适量清水，置于火上，烧沸水，倒入绿豆粉、玉米粉，不断搅拌，烧沸后，改用小火煮至熟即可。

水痘

水痘是幼儿期常见的一种疾病，传染性非常强，是由水痘病毒引起的。水痘通常有 2～3 周的潜伏期，在晚冬和春季发病率最高。

宝宝出水痘的原因

水痘病毒主要通过飞沫（打喷嚏、咳嗽等）、与受感染人近距离接触或直接接触疱疹而感染的。水痘病毒一般存在于宝宝口腔、鼻腔中。6 个月以下的宝宝由于从母体中获得抗体，一般不会发生水痘，但 6 个月以上宝宝接触水痘病毒后，80%～90% 的宝宝会发病。

吃些易消化的流质食物

宝宝出水痘后，会变得烦躁，甚至不想吃食物，这时妈妈可以给宝宝准备一些色香味俱全的流质食物或软食，如荸荠水、金银花粥等。

避免抓破水泡

宝宝出水痘后，要及时给宝宝剪短指甲，并告诉宝宝不要去抓痒；如果宝宝太小，听不懂大人的话，要用纱布做成手套给宝宝戴上，否则会在皮肤上留下瘢痕。

多喝水，促进毒素排出

宝宝得了水痘后，要让宝宝多喝水，可以加速体内毒素排出，对调理水痘有一定的效果。如果宝宝不喜欢喝白开水，可以给宝宝喝些柠檬薏米水等，也能起到补水的作用。

什么情况下需要用药指导

当宝宝出水痘时，家长可在宝宝的皮疹患处涂上医生建议用的软膏，从而减轻宝宝的瘙痒感。

出水痘时宜吃的食物

荸荠：有抑菌、调节酸碱平衡的作用，对宝宝水痘有一定的调理作用。

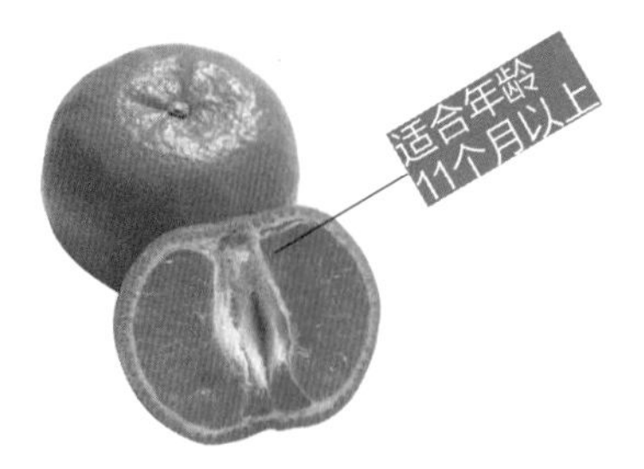

橘子：含丰富的维生素、矿物质，有清热解毒的功效，对感染水痘的宝宝很有效果。

薏米：有渗湿利水、健脾祛湿的功效，可保护宝宝皮肤健康。

宝宝营养辅食推荐

薏米橘羹

促进新陈代谢、增强免疫力

材料：橘子 80 克，薏米 30 克。

调料：水淀粉适量。

营养师这样做

1. 薏米洗净，用清水浸泡 4 小时；橘子剥皮，掰成瓣，切成丁。
2. 锅置火上，加入适量清水，放入薏米，用大火煮沸后，改小火慢煮。
3. 到薏米烂熟时加橘子丁烧沸，水淀粉勾稀芡即可。

过敏

过敏是指宝宝因为摄取某种食物过程中导致免疫系统产生过多反应的现象。多数过敏是由于蛋白质。蛋白质随着食物的摄入通过消化器官被多种酵素分解，但宝宝的消化器官尚未成熟，不能完全承受消化蛋白的重担，从而导致过敏。

宝宝出现过敏的原因

3 岁以下的宝宝，消化器官发育尚未成熟，出现食物过敏的概率很大。等 3 岁后宝宝消化器官发育成熟，大多数过敏症状都会消失。

父母有过敏的情况，可能给宝宝遗传过敏体质，但不一定遗传对某种物质过敏。

所以，为了尽量避免宝宝过敏，安全地给宝宝添加辅食是非常重要的。

宝宝患有过敏的辅食添加方法

对于患有遗传性过敏的宝宝，为了避免加重过敏症状，开始添加辅食要谨慎。每个宝宝的体质不同，还是要根据实际情况，慢慢调节辅食的粗细和稀稠。

月龄	添加辅食的方法
6 个月	开始初次添加辅食，先喂稀米糊，等适应了，再每间隔一天后添加一种易于过敏的蔬菜在米糊中喂食
7 个月	开始喂较大颗粒的稠米糊，可尝试加一些蔬菜、肉类在米糊里面，没有不适反应，再添加其他的
8 个月	可以添加稍有质感的稠粥，然后每隔一周添加一种新的食物
9 个月	可按照一般添加辅食的方法添加

每次添加一种新食物

对于过敏宝宝，辅食添加一般从米糊开始，添加新食物要一次一种添加，添加后要观察一周，如果不适，再增加新材料。

目前没有什么药物能预防或治愈宝宝食物过敏，所以预防宝宝食物过敏的关键就是严格避免接触可能引起过敏的食物。说起来容易做起来难，而妈妈学习有关食物过敏的知识是预防宝宝食物过敏的基础，还有注意阅读食品成分标签是避免食物过敏的良法。

灵活运用替代食物

为了避免宝宝过敏，完全不吃某一种食物会担心宝宝营养不良，这时可以寻找另外的替代食物来喂食。

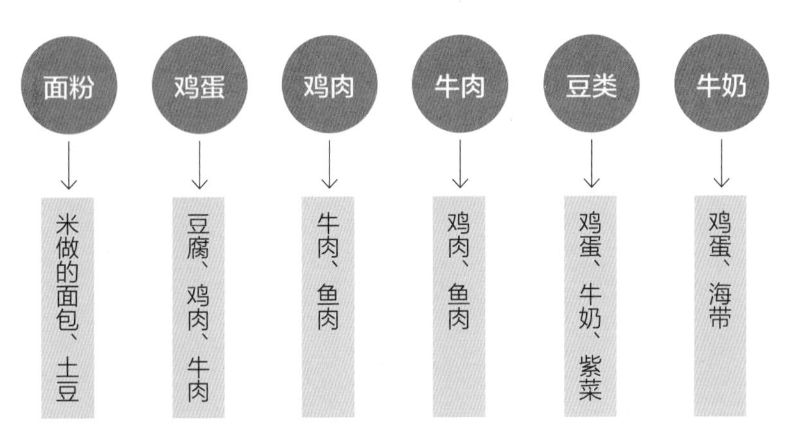

出现过敏要停止喂食

给宝宝添加新的辅食时出现了过敏反应，就要马上停止这种新辅食的添加，如果伴随着腹泻和呕吐等，就要及时就医。

哪些食物容易引起过敏

宝宝可能对任何食物过敏，但最容易引起过敏的主要有以下 3 种。

种类	具体食物	占食物过敏比例
第一种	蛋白、牛奶、花生、腰果等	75% 左右
第二种	杏仁、大豆、小麦等	15% 左右
第三种	鲑鱼、对虾、螃蟹等	10% 左右

此外，日常生活中，我们常给宝宝吃的草莓、橙子、橘子、芒果、番茄等都有可能引起食物过敏。

番茄